现代食用菌
深加工

庄海宁　冯涛⊙主编

U0387451

化学工业出版社

·北京·

内容简介

本书主要介绍食用菌深加工的一些理论和实际应用。书中内容包括食用菌低血糖生成指数食品的制备、标准和功能评价；食用菌在调节肠道健康方面的功能成分、作用机理及产品；食用菌在保健食品和特医食品中的功效分析、相关品种的实际应用；食用菌香气成分和呈味物质的提取、分析，以及食用菌风味的感官评价方法；深层发酵、超微粉碎、热泵干燥、真空冷冻干燥、挤压膨化、闪式提取技术等食用菌深加工技术；虫草营养米、菇精调味料、菌菇方便汤等深加工产品的开发和生产。

本书可供从事食用菌深加工生产的技术管理人员借鉴，也可作为食品相关专业师生的参考书。

图书在版编目（CIP）数据

现代食用菌深加工 / 庄海宁，冯涛主编. —北京：
化学工业出版社，2022.7
ISBN 978-7-122-41092-4

Ⅰ.①现… Ⅱ.①庄… ②冯… Ⅲ.①食用菌 - 蔬菜加工 Ⅳ.①S646.09

中国版本图书馆 CIP 数据核字（2022）第 052147 号

责任编辑：彭爱铭
文字编辑：李娇娇
责任校对：杜杏然
装帧设计：刘丽华

出版发行：化学工业出版社
　　　　　（北京市东城区青年湖南街13号　邮政编码100011）
印　　装：河北鑫兆源印刷有限公司
710mm×1000mm　1/16　印张11　　字数160千字
2022年8月北京第1版第1次印刷

购书咨询：010-64518888
售后服务：010-64518899
网　　址：http://www.cip.com.cn
凡购买本书，如有缺损质量问题，本社销售中心负责调换。

定　　价：59.00元　　　　　　　　　版权所有　违者必究

前言

食用菌是集营养、保健于一体的绿色健康食品，具有较高的食用和药用价值。食用菌中含有组成蛋白质的 18 种氨基酸和人体所必需的微量元素，含有丰富的蛋白质，其蛋白质和氨基酸含量是一般水果、蔬菜的几倍到几十倍。食用菌脂肪含量较低，且其中 74%～83%的不饱和脂肪酸对人体健康有益。食用菌还含有维生素，维生素 B_1、维生素 B_2 含量均较高。另外，食用菌中含 β-葡聚糖等生物活性物质，对维护人体健康有重要的作用。食用菌除了营养价值高外，还具有药用价值，能够提高机体免疫能力，具有抗癌、延缓衰老的功效。

目前，国内外市场上已推出的食用菌加工产品主要可以分成两大类：一类是以菌丝体为基料，利用深层发酵技术提取和开发的系列功能保健产品和风味调味产品。另一类是以子实体为原料，利用现代食品加工技术，研制罐头、脆片、杂粮粉、果脯、复合饮料等产品。国家食用菌产业技术体系首席科学家张金霞认为，目前我国食用菌企业缺乏自主创新能力和核心技术，食用菌生产虽分布范围广、产量大，但食用菌产业仍然停留在种食用菌、卖食用菌的初级形态，食用菌深加工还处于起步阶段。

过去，我国食用菌加工以盐渍、烘干、制作罐头等粗加工为主要方式，加工链条较短，经济效益较差。虽然近几年来食用菌加工业有所发展，但规模普遍较小，难以承担所在地食用菌的加工任务，辐射效应较弱。此外，生产加工的标准化体系不健全，加工包装混乱，产品质量较难保证；科技投入不足，科研推广难以满足生产发展要求。现有食用菌加工企业设备简单落后，科技含量低，产品缺乏市场竞争力，导致食用菌产业的可持续发展能力较弱。

"方便、美味、可口、实惠、营养、安全、个性化、多样性"的产品新需求，以及"智能、节能、环保、绿色、可持续"的产业新要求，已成为食用菌产业发展的"新常态"，也对食用菌产业科技发展提出了新的挑战。

本书针对目前食用菌深加工领域的诸多方向，邀请国内从事食用菌深加工方向的知名专家参与编写，共分为七章。第 1 章食用菌加工的发展现状及未来趋势，由上海应用技术大学冯涛教授撰写；第 2 章食用菌在低血糖生成指数食品中的应用，由南昌大学谢建华教授和上海农科院食用菌研究所庄海宁副研究员共同编写；第 3 章食用菌在肠道健康食品中的应用，由南京财经大学马高兴博士编写；第 4 章食用菌在保健食品及特医食品中的应用，由上海应用技术大学姚凌云博士编写；第 5 章食用菌风味物质的分析方法，由大连工业大学秦磊博士编写；第 6 章食用菌现代深加工技术与方法，由湖北省农业科学院史德芳研究员编写；第 7 章现代食用菌深加工产品的开发，由湖北省农业科学院高虹研究员编写。

本书编撰过程中，由于编者的水平有限，书中难免有不足之处，敬请读者谅解。

编者

2022 年 1 月于上海

Edible Mushrooms

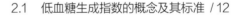

第 3 章
食用菌在肠道健康食品中的应用

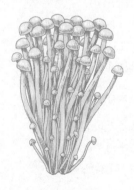

第 4 章
食用菌在保健食品及特医食品中的应用

第 5 章
食用菌风味物质的分析方法

第 6 章
食用菌现代深加工技术与方法

第 7 章
现代食用菌深加工产品的开发

Edible Mushrooms

第 1 章

食用菌加工的发展现状及未来趋势

食用菌是一类能够形成胶质或大型肉质的菌核组织或子实体，是可以满足人们药用或食用需求的大型真菌，包括灵芝、平菇、银耳、猴头菇、金针菇、茯苓、姬松茸、羊肚菌、冬虫夏草等，多属担子菌亚门。

1.1　食用菌加工的发展现状

食用菌作为一类营养成分十分丰富以及功能众多的食品与药材，在世界各国都占据重要地位。我国从很早就开始了解和栽培食用菌，一些珍贵的食用菌如灵芝、冬虫夏草等更是在中医药领域发挥了巨大的作用。由于科技和生产水平以及人们生活水平的提高，食用菌除了直接食用外，也被加工成不同的产品。

随着科技的不断进步，食用菌栽培技术的不断革新，越来越多的食用菌品种实现了人工商业化栽培。我国食用菌产业经过多年的迅猛发展，产量占世界总产量的70%以上，出口量占亚洲的80%，占全球贸易量的40%。食用菌产业对调整农业生产结构、发展农村经济、实现农业生态系统良性循环具有重要意义。我国深入推进农业供给侧结构性改革，加快种植业结构调整，大力实施精准扶贫，为食用菌产业的发展和壮大提供了难得的机遇。

食用菌加工产业起源于率先进行机械化生产的欧美国家，自第二次世界大战结束以后，西方国家就开始进行食用菌的加工了。虽然我国的食用菌加工产业起步较晚，但发展迅速。通过对食用菌进行深加工，可以延长食用菌的保存时间，提高经济效益。

1.1.1　食用菌的价值及其功效

1.1.1.1　食用菌的价值

（1）**鲜食的价值**　由于食用菌味道鲜美可口，人们喜欢鲜食食用菌。从市场食用菌的需求可以发现，目前金针菇、牛肝菌、平菇、茶树菇等食用菌深受人们的喜爱。

（2）**药用的价值**　食用菌含有大量的不饱和脂肪酸、多种氨基酸、蛋白质、各种微量元素和丰富的生物活性物质，具有抗肿瘤，预防心脑血管

现代食用菌深加工

疾病，提高人体的免疫力，抗菌消炎等功效。

（3）**副食的价值** 人们还喜欢以食用菌为材料开发的副食。比如人们将食用菌加工成粉类代替鸡精和味精等调味品；将部分的食用菌晒制成干货，一年四季都可食用；还将部分食用菌加工成酱类作为调味品。

1.1.1.2 食用菌的功效

食用菌的主要功效有以下几个方面。

（1）**促进心脑血管健康** 近年来，由于人们生活质量的提高，出现高血压、高胆固醇、高血脂、高血糖等体征的人也越来越多，这与人们的日常生活和饮食习惯密切相关。食用菌中特有的营养和药用功能成分具有降血脂、降胆固醇、降低血液黏稠度和抗凝血、减缓动脉粥样硬化等作用。

很多食用菌都含有的多糖成分可以有效降低血糖。因为多糖可以维护胰岛 β 细胞，并在 β 细胞受损时进行一定的修复，进而利用 β 细胞促使血糖保持稳定。除多糖外，一些食用菌中的独特成分也对维护心脑血管健康有很大作用。例如平菇中的洛伐他汀能有效减少人体胆固醇含量。香菇和鸡腿菇中所含的腺嘌呤对降低血脂有一定的作用。

（2）**安神镇痛** 灵芝、毛木耳与蜜环菌等在传统中医处方中常作为镇静宁神的中药材。在一些民间偏方里也有利用食用菌该功效治疗一些疾病的例子，在湖南湘西民间，就有以冰糖与毛木耳合用，治疗癫痫和神经官能症的例子。灵芝中所含的灵芝酸具有较强药理活性和抗氧化活性，有止痛、镇定的作用。此外临床上常用来治疗坐骨神经痛、三叉神经痛等多种神经痛的安络痛胶囊，主要成分就是来自安络小皮伞。

（3）**抗辐射作用** 现在人们的生活离不开手机和电脑等工具，而随之带来的就是对人体具有损害的辐射。肿瘤的治疗中也常用到放射治疗法，对人体的副作用很大。食用菌含有的很多成分具有较好的抗辐射作用，经研究表明银耳、蜜环菌、灵芝以及假蜜环菌都有不同程度的抗辐射作用。因此，以食用菌为主料的抗辐射辅助治疗品具有广阔的市场前景。

（4）**保肝健胃助消化** 肝脏是人体重要的解毒器官，食用菌对肝脏和肠胃有一定的保护作用。通过香菇、灵芝、猴头菇、蜜环菌等食用菌的动物实验和临床实验发现，食用菌可以降低硫代乙酰胺和四氯化碳对肝的损伤。因为对慢性活动性肝炎具有显著效果，云芝多糖在临床中得到广泛应用。

食用菌还在消化功能的保护上以及慢性胃炎、胃溃疡和消化不良的治疗上具有重要作用。猴头菇就因为突出的功效被广泛制成各种食品和药品，出现在人们的生活之中。目前市场上热销的胃乐新冲剂、颗粒和胶囊的主要成分就是猴头菇。猴头菇具有助消化、利五脏的功能，对胃溃疡、慢性萎缩性胃炎以及一般性消化不良等多种胃肠道疾病都具有很好的治疗效果。

茯苓多糖中含有的层孔酸与茯苓酸等物质具有显著的药理功效，能够对肝脏起到解毒作用。茯苓能在一定程度上缓解胃部疾病，葵花胃康灵其中的成分之一就是茯苓。

（5）提高机体免疫力 医学研究表明，许多疾病的发生都与人体免疫机能密切相关，机体免疫力的增强，可以提高对多种疾病的抵抗力。多糖可以充分激发细胞的免疫功能，促进淋巴细胞转化，激活 T 细胞和 B 细胞，提高巨噬细胞的吞噬能力，有益于免疫功能完善。

（6）延缓衰老 人体的衰老与自由基有着直接的关系，自由基的增多能够破坏正常的细胞，使机体老化，同时还会破坏机体的抗病和防御能力。自由基，除了在正常生理代谢过程中产生以外，现代生活中常见的一些不良的生活习惯，例如酗酒、抽烟、长时间使用电脑进行工作以及长期熬夜等，也会产生自由基，自由基在加速衰老的同时还会降低人体免疫力，导致很多疾病的产生。而食用菌及其加工产品能够减弱自由基对人体的不利影响，降低疾病发生率。

（7）抗病毒以及抗肿瘤 食用菌的抗肿瘤、抗病毒功效是通过提高机体免疫力来实现的。食用菌普遍含有多糖成分，引起国内外研究者重视，特别是日本人从担子菌类中提取多糖，并做了大量抑制肿瘤实验工作。据统计，食用菌中对肿瘤细胞 S-180 抑制率在 80%～90%的有 100 多种，其中 8 个属 15 种担子菌对 S-180 抑制率高达 100%，而像云芝多糖、云芝糖肽等已作为临床药物应用于免疫性缺陷疾病、自身免疫病和肿瘤等疾病的治疗，并取得良好的临床效果。在大多数的情况之下，食用菌对肿瘤病

现代食用菌深加工

毒的抑制功效不是单一成分作用的结果，而是由多种生理活性物质共同作用的。

1.1.2 食用菌贮藏及其初加工技术

由于食用菌含水量高和组织脆嫩，在采收和运输过程中易破损，引起变色、变质或腐烂，导致商品品质下降；同时，新鲜食用菌加工时，因其组织脆嫩，含水量高，即使冷藏保鲜，货架期也非常短，易遭受微生物的侵害，发生腐败和病害，致使食用菌产生异味，失去鲜美的风味。为了使食用菌品质保持优良，且在运输过程中不易损害，在其生产加工过程中就应该考虑到贮藏以及运输的问题。因此，应对食用菌进行贮藏保鲜，或采用干制、罐藏和腌渍等加工措施，这有利于进一步提升食用菌的食用和商品价值。

1.1.2.1 食用菌干制技术

干制技术是指通过自然环境或人工手段，除去食用菌内的水分，从而使食用菌内的环境不利于微生物的生存，食用菌本身的一些活性物质也得到抑制，这是食用菌能够长时间贮存的一种手段。一般经过干燥的食用菌内水分总含量为12%左右。值得注意的是，干制的速度和最终食品的质量呈正相关，即尽快干制能够提高产品的质量。目前很多常见的食用菌例如黑木耳、香菇、灵芝等都是通过干制技术进行加工和保存的。干制技术可以分为自然干制和机械干制两种。

（1）自然干制 自然干制就是将食用菌放置在适宜的自然环境中晒干，主要是以太阳光为热源，以自然风为辅助进行干燥的方法。这一技术简单，成本较低，但是对自然环境的要求较高，适于金针菇、银耳、灵芝和黑木耳等品种，不适用于大量食用菌的加工。

加工时将菌体相互不挤压地平铺在竹帘或苇席上晒干，为了增加阳光直射的面积，可以适当将竹帘或苇席倾斜。翻晒时要轻，以防止破损，晒干周期为2～3天，具体时间要根据实际干制情况进行调整，这种方法适于小规模加工厂。也有的加工厂为节约费用，到晒至半干时再进行烘烤，但这需根据天气、菌体含水量等情况灵活掌握，防止菇体变色或变形，甚至腐烂。虽然自然干制技术不适于大规模加工，但一些加工企业为了缩减

5

成本，会先将食用菌用自然干制法晒至半干，然后再采用机械干制法干制。

（2）**机械干制**　机械干制法是利用现代化机械设备，用烘箱、烘笼、烘房，或炭火、热风、电热以及红外线等热源进行烘烤而使菌体脱水干燥的方法。在实际生产中，目前大量使用回火烘房及热风脱水烘干机、蒸气脱水烘干机、直线升温式烘房、红外线脱水烘干机等设备进行干制。机械干制不容易受自然条件的影响，也适用于各类品种的食用菌，因此适用于大量食用菌食品的加工。采用机械干制法需要充分注意控制从采摘到干制的每一个环节，以尽可能保证干制食用菌的品质。

1.1.2.2　食用菌罐藏加工技术

罐藏加工技术对原材料和辅料的要求更加严格，需要对质量严格把控。罐藏加工的食用菌需新鲜完整，将不合格的食材去掉。其个体要新鲜、色泽红润、菌伞完整且无病虫害。选好菌菇之后，将菌柄切削平整，柄长需要小于 8 mm。辅料选用 NaCl 含量超过 96%的精盐，二氧化硫超过 64%的焦亚硫酸钠，纯度超过 99%的食品级柠檬酸，对食用菌进行严格检验，不能出现平酸菌。选择好食用菌和辅料后，将食材放置于浓度为 0.03%的硫代硫酸钠溶液中，充分除去食用菌中残留的杂质。再用浓度为 0.06%的硫代硫酸钠液进行漂洗，然后将食用菌用热水煮熟。在容器中加入适量的水，当水温到 80℃时，倒入浓度为 0.1%的柠檬酸，将混合溶液煮沸，然后将食材倒入水中煮 8～10 min。煮好之后冷却、装罐。先将罐装容器清洗消毒，然后加入食材。

1.1.2.3　食用菌腌渍技术

腌渍技术是食用菌食品加工中较为常用的一种，就是利用食盐或糖溶液抑制微生物生长，从而微生物处于休眠或者死亡状态。采用这种技术可以有效延长保存时间，使菌类内部营养充分保留下来。因为成本低廉且操作简单，因此腌渍技术在实际生产中得到广泛使用。

1.1.2.4　食用菌菇脯加工

选择品质优异的原料，要求形态完整、色泽饱满。选择完食用菌之后，用浓度为 0.03%的焦亚硫酸钠溶液浸润食用菌，防止食用菌氧化，保留其原本新鲜的色泽。然后把食用菌放入水中烫漂，水大概为食用菌的 2 倍，烫漂 6～8 min。为了更好地维持食用菌的形态，还需将食用菌的菌伞用浓

现代食用菌深加工

度为 0.3%的无水氯化钙浸润 5～7 h,然后将食用菌取出,用水冲洗。接着将食用菌放置在配制好的糖液中,浸润约 20 h。糖液为食用菌的 2 倍。将充分浸润的菇脯坯取出,再把剩余糖液倒入夹层锅中,继续加入白砂糖,直至糖液浓度达到 50%,利用柠檬酸将糖液 pH 调到 3,再把取出的菇脯坯放入锅中,用小火慢慢熬煮,糖液浓度达到 55%时停止,捞出菇脯坯并均匀平整地放入烤箱,在 61～64 ℃下,烘 5～6 h 可出箱。最后根据菇脯大小和品质进行选择,包装后进行销售。

1.1.3　食用菌深加工技术简介

食用菌深加工技术有以下几种。

(1) 液体深层发酵技术　发酵属于生物工程的技术范畴,是生物技术转化为生产力的重要途径。其在食用菌功能食品的开发中已得到了深入研究以及广泛应用。目前研究的热点大都集中于生理活性物质的研究、液体深层发酵动力学研究、食用菌液体发酵条件以及发酵所得菌丝的形态学等。食用菌液体深层发酵技术不仅能实现食用菌菌丝的批量生产,还能从发酵液中提取生物碱、萜类、多糖以及甾醇等多种对人体有益的生理活性物质,为食用菌功能性食品的开发和生产提供了有力保证。

(2) 超临界流体萃取技术　超临界流体萃取技术是近年来快速发展的高新技术,其原理是将超临界流体控制在超过临界压力与临界温度的条件下,在目标物中萃取成分,当恢复到常压与常温时,溶解在超临界流体中的成分就与超临界流体分开。目前流行的超临界流体 CO_2 萃取技术,已经在生物和医药等众多加工领域达到实用阶段并且取得了显著成效。

(3) 真空冷冻干燥技术　真空冷冻干燥,也被称作冷冻干燥,就是将物料冻结到共晶点温度以下,在低压状态下,通过升华除去物料中水分的一种干燥方法。我国对真空冷冻技术的研究在 20 世纪 60 年代中后期开始,目前这种技术越来越多地应用到了食用菌加工上,经过这种技术加工的食用菌可以较好地保持原有的营养成分,并且复水性较好。

(4) 微胶囊技术　微胶囊技术是一种采用特殊方法与特定设备,把分散的固体颗粒、液滴或者气体完全包封在一层微小、半透性或封闭的膜内形成微小粒子的技术。许多食用菌经过微胶囊包覆后,更好地控制了其有

7

效成分的缓释速度，增强了其利用率。

（5）**超细粉体技术**　目前一般称粒径小于 3 μm 的粉体为超细粉体。超细粉体技术是近几十年来发展起来的一门新技术，物料经过超微粉碎后能够完整地保持其有效成分。茯苓与灵芝等经超细粉后，增加了三萜类和多糖等有效成分的比表面积，有利于人体吸收和利用。香菇与金针菇中的膳食纤维含量很丰富，两者通过超微粉碎后，显著提高了膳食纤维的可利用率，大大提高了人体的消化吸收率。

1.2　食用菌加工的未来趋势

1.2.1　食用菌加工的产品方向

（1）**药品**　冬虫夏草、灵芝、香菇、灰树花等真菌中的多糖对单纯疱疹病毒、流感病毒与艾滋病毒等多种病毒有不同程度的抑制作用。在日本与欧美等地区，以灰树花多糖和香菇多糖为主要成分的抗肿瘤药物已投入进行临床疾病治疗。目前我国食用菌多糖抗肿瘤药品的技术研发已较为成熟，正逐步进入临床试验环节，然而除了食用菌多糖，以食用菌其他功能因子开发的药品却很少。

（2）**休闲食品**　近年来食用菌休闲食品的开发是一种很受欢迎的主流食用菌加工方式，以猴菇饼干为例，这类产品既提高了人们对食用菌的消费水平，又通过将食用菌粉添加到传统面制品中的方式，赋予了传统面制品丰富的营养与功能以及独特的风味，满足了消费者对营养健康的需求。如何在高温焙烤过程中令食用菌的营养与功能成分保持原有活性，是该领域今后重点要解决的科学技术问题。还可利用真空冷冻干燥技术或真空低温油炸技术生产食用菌即食脆片食品。

（3）**日用品和护肤品**　食用菌的护肤美容作用早在古代被人们所认知，现代医学使用新技术方法，对食用菌的延缓衰老及美容功能进行了更加深入细致的研究。由于食用菌含有核苷类、多肽氨基酸类、多糖类、多酚类以及三萜类等成分，具有明显的抑菌、抗衰老、美白、抗炎、抗皱以及保湿等功效，食用菌活性物质在护肤品与日用品上的应用越来越受到人

现代食用菌深加工

们关注。

由于消费者对食用菌的天然活性成分具有很高的接受度，所以灵芝护肤护发化妆品与银耳胶补水保湿护肤品等大量出现。目前应用于化妆品研发较多的食用菌有灵芝、平菇、香菇以及银耳等品种。灵芝中含有大量抑制黑色素的成分，还含有很多种对皮肤有益的微量元素，这些元素能有效促进细胞再生，减少人体自由基，增加胶原质，并改善人体微循环，从而达到丰润皮肤、消除皱纹的效果。此外，灵芝中含有的多糖成分还使其能够有效防止细菌对皮肤的损害，使皮肤水嫩光滑并富有弹性。在适宜的条件下，平菇、白灵菇多糖的保湿效果优于甘油。有关食用菌延缓衰老与抗炎症的研究也很多。牛肝菌类由于其显著的抗氧化活性，已经成为市场上广泛使用的抗皱、延缓衰老美容产品的重要原料之一。银耳则具有很好的美白作用和淡化色斑的功效。食用菌含有的曲酸是一种天然的皮肤美白剂，经常被添加到美白精华和面霜中，生产用于治疗色素沉着与老年斑的药妆产品。

（4）营养调味品　食用菌中含有大量呈鲜呈味物质，包括游离氨基酸、可溶性糖、有机酸以及呈味核苷酸等成分，且其含有独特的挥发性芳香物质。有报道称，日本与欧美市场上流行一种蘑菇提取物，作为新型绿色保健食品调味料，具有调味增香的功能。

复合调味料是对基础调味品原料进行加工调制而成的一种具有特殊风味的调味品。这种复合调味料中，使用食用菌材料是亮点。食用菌复合调味料具有很高的药用保健价值。在日本，草菇非常受欢迎，它专门用于高汤等复合调味品的制作；在中国，茶树菇、香菇是非常受人们喜爱的调味品，可用来制作酱类或肉类炖料。

1.2.2　食用菌加工的发展趋势

（1）加大研发力度，拓展应用领域　目前我国食用菌加工产业的科技水平较低，相应的科研技术落后也限制了我国食用菌产品的加工应用范围。因此在未来的发展中，应加大科技投入，在科技进步的基础上拓展食用菌的应用领域。由于成本的影响，我国对成本低廉的一般食用菌食品加工的力度较大，而对于一些价值较高的珍稀菌种却加工较少，在之后的发展中应对这些珍稀菌种重视起来。

（2）**实现初加工到深加工，提高产品附加值**　目前我国食用菌加工产品主要是初级加工，辅以一定的深度处理，产品附加值较低。应加强食用菌精深加工方面的研究，全面考虑加工产品的营养、风味与功能性，以口感和味道吸引消费者，以保健和药用功效引导消费者，以放心、方便稳定消费者，打出自主品牌，创出特色，提高增值率，推动食用菌产业向纵深方向发展。

（3）**促进产业循环发展，创造更多效益点**　我国的食用菌种类很多，但是加工物性基础数据不明确，食用菌对加工技术与装备的适用性差，国内传统消费习惯制约产业发展。以后食用菌产品加工要实现可持续发展，需提高草腐菌品种生产的比例，减少对森林资源的破坏。秸秆与稻草等农业秸秆资源能够种植草腐菌品种，这可充分提高农产品资源的利用率，降低食用菌的生产成本。同时，用来培养食用菌的菌渣中含有很多活性菌的成分，这些成分通过加工处理可以制成品质上乘的有机肥料。这样不仅充分利用了食用菌从栽培种植到加工废料过程中的各种资源，也更有利于保护环境清洁，既实现了经济循环发展，也创造了更多的经济效益。

总的来说，我国应实施良种繁育、栽培基质创新研发、菌渣综合利用、深加工技术研发示范、现代化高效栽培示范、生产信息化改造等工程；加快推进食用菌重点项目建设，进一步扩大食用菌生产规模；加强食用菌保鲜和精深加工技术研发；抓好基地、品牌建设，做好典型示范引导；加强政策引导和支持，优化食用菌产业布局；加大科技投入，培育国内大型食用菌龙头企业，带动食用菌产业步入一个良性循环、快速发展的轨道；推动发展菌业循环模式，促进农业废弃物资源的高效利用。

现代食用菌深加工

Edible Mushrooms

第 2 章

食用菌在低血糖生成指数食品中的应用

2.1 低血糖生成指数的概念及其标准

2.1.1 血糖生成指数和血糖负荷概念

随着社会结构的变化，生活节奏的加快，饮食习惯和食物构成改变及社会老龄化，人类疾病谱发生了很大转变，慢性疾病，如糖尿病、心血管疾病、肥胖症、高脂血症、高血压等疾病比例不断上升，目前已成为全球性重大的公共卫生问题。在这些疾病中，尤以糖尿病发病率增长显著。预防和控制上述疾病发生的关键在于科学合理的膳食结构。为此，1981年加拿大科学家 Jenkins 等提出了血糖生成指数（GI），用于描述人体对食物的消化吸收速率和由此引起的血糖应答。GI 是评价碳水化合物的一个生理学参数，在预防和治疗各种慢性疾病（如糖尿病、心脑血管疾病等）方面具有很大的应用价值和很强的可操作性。国外有关 GI 的研究方兴未艾，但国内研究相对较少。

血糖生成指数（GI）表示，某种食物的血糖生成指数是含有 50g 碳水化合物的该食物在食用后的一段时间内，体内血糖水平应答增值曲线面积与食用了含 50 g 碳水化合物的参考标准食物所引起的血糖应答曲线增值面积的比值。GI 反映了食物与葡萄糖相比升高血糖的速度和能力，通常以葡萄糖的 GI 为 100%。

根据 GI 值大小可将食物划分为不同等级，GI<55%的食物被认为是低GI 食物，在 55%~70%范围之间的为中 GI 食物，70%以上为高 GI 食物。如图 2-1 所示，高 GI 的食物，进入胃肠道后，消化快，吸收完全，使葡萄糖迅速进入血液，血糖峰值高，胰岛素快速升高，导致血糖下降速度也快，血糖波动剧烈；低 GI 的食物，在胃肠道中停留时间长，释放缓慢，葡萄糖进入血液后峰值低，下降速度慢，引起的餐后血糖反应较小，需要的胰岛素也相应较少，从而避免了血糖的剧烈波动，有利于血糖的控制。

但是，食物的 GI 值只是定性地反映食物对血糖的影响，不能够反映人体膳食摄入总能量的控制、搭配以及食物中碳水化合物的量。因此，美国相关研究者提出了一个新的概念——血糖负荷（glycemic load，GL）。

现代食用菌深加工

GL 的算法为食物的 GI 值乘以可以利用的碳水化合物含量，即 GL=GI×碳水化合物的含量（g）。通过 GL 值可以综合考虑碳水化合物的质和量，从而可以更全面地评估食物的血糖效应。

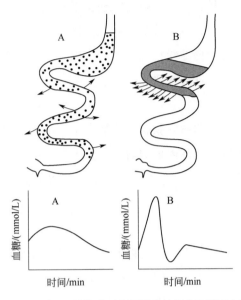

图 2-1　低 GI 和高 GI 的饮食对胃肠道血糖吸收和餐后血糖的影响

A—低 GI；B—高 GI

2.1.2　影响血糖生成指数的因素

影响食物 GI 的因素很多，在这里主要介绍食物组成成分、加工条件以及食物状态。

2.1.2.1　食物组成成分

（1）**直链/支链淀粉的比例**　直链淀粉主要是由 200 个左右葡萄糖基通过 α-1，4 糖苷键连接而成，其糊化温度较高，在冷却时容易老化；而支链淀粉则是高度支化的，每 20～30 个葡萄糖就有一个由 α-1，6 糖苷键连接而成的葡萄糖分支。由于淀粉酶在作用于淀粉时需要与各个淀粉链的末端结合，支链淀粉比直链淀粉拥有更多的端点，所以更容易被淀粉酶降解产生葡萄糖。可见，含有较多支链淀粉的食品比含有较多直链淀粉的食品具有更高的 GI 值。

（2）**膳食纤维**　可溶性的膳食纤维可以延长胃排空时间，降低肠内容

13

物黏度，使食物难以接近酶，以降低糖类消化率，延缓血糖反应程度。利用 Meta 分析方法，发现增加膳食纤维的摄入对于降低食品的 GI 值有着非常明显的作用。

（3）**抗性淀粉**　抗性淀粉主要存在于一些天然的食物中，比如土豆、玉米、大米、香蕉等都含有一些抗性淀粉，抗性淀粉的性质类似于可溶性纤维，与其他淀粉相比在体内难以降解，对人体血糖浓度影响较小。相关研究结果表明，添加木薯抗性淀粉具有降低 GI 的效果，从而可以控制餐后血糖。

（4）**蛋白质和脂肪**　食物中蛋白质的存在能够刺激机体分泌胰岛素，从而可以分解体内葡萄糖，降低人体血糖应答水平。因此，蛋白质含量高的食物通常 GI 值会偏低。而脂肪可以降低淀粉的凝胶化反应，进而延迟食物在胃肠道中的消化速度，还可以阻止淀粉与淀粉酶相结合，抑制淀粉酶的活力，从而降低人体的血糖反应。

（5）**抗营养素**　食物中含有许多抗营养素，尤其是豆制品中，通常含有许多抗营养素，例如植酸、凝集素、单宁、酶抑制剂等。这些抗营养素物质在体内会降低胃肠道对淀粉的消化速率，从而抑制葡萄糖的吸收，降低人体的餐后血糖反应。

（6）**有机酸及矿物质**　食物中如果含有有机酸，可以降低胃肠道食物的排空速率，延缓食物的降解，从而降低人体血糖反应，影响食物的 GI 值。矿物质和胰岛素的含量以及其在体内的合成和分泌密切相关，特别是铬、锌等矿物元素。铬因为可以增强胰岛素作用，所以它在糖尿病的临床治疗中发挥着十分重要的作用。锌可以以特殊的方式与胰岛素结合，提高胰岛素的稳定性，促进体内合成胰岛素，从而影响体内葡萄糖的代谢。

2.1.2.2　加工条件

食物的组成结构比较复杂，不同成分的消化和吸收速度也不同。食物的加工方式对其有显著的影响。越精细加工处理的食物，就越容易被消化吸收，其 GI 值也较高。例如精制大米比粗制大米的 GI 值要高，经过蒸煮的米粥的 GI 值也比普通的蒸米饭高。因此，在日常饮食中，要注意多摄入粗粮杂粮等粗制食物，少吃精细加工的食物。

14

2.1.2.3　食物状态

　　食物的 GI 值也跟其状态有关，比如食物的颗粒大小、黏度大小、质构特性都会影响它的 GI 值。比较浓稠的、颗粒较大的产品，比如豆类粗粮、坚果会阻碍淀粉酶进入淀粉颗粒中，降低淀粉的消化速率，降低葡萄糖的生成。

2.1.3　GI 值的意义及测定标准

　　目前，许多研究数据表明，人们摄入的食物的 GI 值对人体健康会产生一定的影响。大量的研究也证明了多食用低 GI 食物对人体健康非常有益，也有利于控制人体的血糖水平。人体胰岛素水平高低跟高血压、肥胖、高血脂等疾病相关，有研究表明长期摄入低 GI 食物可以降低心脏病和糖尿病的风险。因此，可利用 GI 理论来指导糖尿病患者进行合理的饮食，以便于控制血糖和体重，预防和控制多种慢性疾病的发生。总之，GI 值与人体健康息息相关。但是，GI 只是从一个侧面来表现人体健康的状态，还需要结合 GL（血糖负荷）等指标来合理地指导我们的饮食结构，维持正常的体重，保持身体健康。

　　目前，国内外测定食品 GI 值的方法主要是人体试验，测定的依据是 GI 的概念，即测定被测对象食用含 50 g 可利用碳水化合物的食物后人体血糖的变化情况。人体检测 GI 的方法会被受试对象身体健康状况、参考食物、受试食物、受试时间、受试分量、测试过程等因素的影响。国际标准组织 ISO 测定 GI 值的方法——ISO 26642:2010 是应用最广泛的方法。中国在 2019 年正式发布了卫生行业标准 WS/T 652—2019，该标准在 2019 年 12 月开始正式实施，在该标准里规定了食物 GI 值的测定方法，而且测定方法更为严格。

2.1.4　低血糖生成指数食品及其标准

　　低血糖生成指数食品是指向食品中加入能够降低血糖的活性物质或者血糖指数较低的食物来使最终食品的血糖生成指数较低。

　　目前，关于血糖指数的研究越来越多，也受到了企业、研究机构、健康专家和有关公共卫生人士的广泛关注。血糖指数可以预防和控制慢性疾病，尤其是糖尿病。低 GI 食品具有多种营养保健作用，已经被许多国家

15

所认可。但是目前各个国家或地区在认可和管理 GI 方面存在一些差异，每个国家或地区对 GI 和 GI 标识也有不同的规定。

1. 美国

在美国，关于食品血糖的声明比较自由。到目前为止，美国已经有一个血糖研究所，专门来审批"低血糖""糖尿病人食用"等和 GI 有关的标识。这其实也表明了美国 FDA 对 GI 标识是潜在支持的。一般要监督相关企业的信息是否准确，而且不能存在任何虚假的因素，这些标识要符合现存的法律法规的要求。目前，在美国的一些大型跨国食品企业都有自己的低 GI 产品，另外也有公司内部的测定 GI 值的方法。

2. 欧洲

欧洲目前正在建立一个相对统一的管理体制来监管日常食物食品的营养和健康，这个管理体制是建立在各国现有的涉及健康营养的法律法规基础上的，主要包括产品宣传、产品标识和产品描述等许多方面。欧洲食品安全局曾表示摄入低 GI 膳食不仅可以降低餐后血糖水平，还可以不引起胰岛素的增加。欧洲食品安全局发现葡萄糖耐受量不高在成年人当中比较普遍。非淀粉多糖、果胶、膳食纤维、抗性淀粉以及一些食物成分可以降低餐后血糖的水平，所以，欧洲食品安全局提议把食物中可利用的碳水化合物成分进行标注。之前，欧洲国家也已经使用过类似于"低 GI"的相关标识。在英国，在大型连锁超市的包装或者店面上都有关于 GI 的标识。

3. 加拿大

尽管有很多的食品工业生产商要求在相关的食品上标注有关 GI 的标签，但是目前，加拿大政府不允许有 GI 食物标签的产品出售。其主要的原因是血糖指数不是食物固有的营养特性。

4. 澳大利亚

目前，应用食物 GI 标识最广泛的国家是澳大利亚和新西兰。它们有相应的食品法律法规来管理食物食品 GI 标识，而且澳大利亚还发布了如何测定食物中血糖指数的标准方法。2002 年，澳大利亚规定了专门的食品 GI 认证程序，以保证有关 GI 标识的质量，从而引导消费者进行健康饮食。澳大利亚也有专门的网站来帮助广大消费者了解食物的 GI 值，如何用 GI 理论指导日常饮食，保持健康体重。

现代食用菌深加工

5．日本

在日本，由于国家有关单位对 GI 的概念非常感兴趣，所以政府鼓励广大科研工作者对 GI 和人体健康之间的关系进行研究。目前，采用低胰岛素来减肥的方法在日本非常盛行，其原理也就是采用低 GI 食物来控制体重。而且，在日本的超市中可以发现许多标有 GI 值的食物或者低 GI 食品的标签。日本的一些食品企业主要是通过外国的认证机构对自己的商品进行 GI 值测定，然后标注 GI 标签。

6．中国

在第五届全国糖尿病营养治疗研讨会上相关研究者提出了治疗糖尿病的新理论和新方法，其中就包括 GI 理论。在《中国糖尿病防治指南》中也提出糖尿病人饮食要关注碳水化合物的 GI 值，提倡患者摄入低 GI 值的食物。目前，我国还没有自己的检测食物 GI 的方法，主要是依据国外的标准来进行研究，另外，国内的一些杂志书籍上标注的食物 GI 值也还是来源于国外机构的检测结果，在中国是否适用还有待商榷。

2.2　低血糖生成指数食品的制备及其功能评价

2.2.1　低血糖生成指数食品的实现方式

近年来，随着经济的迅速发展，人民的生活水平也得到了很大的提高。从以前能够解决温饱问题，到现在逐步要求吃得营养，吃得健康。同样，人们的饮食习惯也发生了改变，而且随着现代社会工作压力越来越大，人们自身的运动也在减少。大部分人不良的饮食习惯，比如高油高盐高糖，会使人们患"高血脂、高血压、高血糖"的概率增加。

国内外目前普遍认为预防和控制糖尿病比较有效的措施是对公民进行膳食营养教育。而现在国内大多采用食物交换法作为糖尿病人的膳食治疗手段。这种疗法在比较长期的糖尿病治疗过程中已经被发现有很多不足，主要是用食物交换法来计算食物的"份数"比较复杂，糖尿病病人很难去掌握食物交换法的技巧，因此，在糖尿病患者的日常饮食生活中很难开展，通常需要在专业的医师指导下进行。关于食物 GI 的理论恰恰可以弥补这些不足，GI 主要是从食物的"质"出发，表明不同的食物含有的碳水化合物的性质不同，进而对餐后血糖的水平的影响也都不同，因此人们在日常的饮食中要注意对事物进行辨别和选择。关于 GI 理论和中国传统食疗有一定的类似之处，而且 GI 知识可以很清楚地告诉糖尿病患者，可适当多选哪些食物，少选或避免哪些食物。因此，GI 理论更容易被人们所接受，更符合中国居民饮食选择的习惯。

低血糖生成指数食品是指向食品中加入能够降低血糖的活性物质或者血糖指数较低的食物来使最终食品的血糖生成指数较低。低 GI 食物可以在人体胃肠道中停留的时间比较长，吸收率比较低，使葡萄糖的释放速率变慢。学会使用食物 GI 理论，合理安排日常膳食，对于控制和调节人体血糖水平有很大的好处。

低 GI 食品的制备方法主要就是通过改变食品的配方或者向其中加入可以降低血糖的成分。食物对人体血糖的影响不仅和碳水化合物的含量有关，而且和碳水化合物的类型、物理性状、来源、化学结构、贮存条件和加工方式等有关。因此，即使是采用同种原料制成的不同的产品，也会对人体产生不同的血糖应答，也就是 GI 值不同。而在食品工业上通过合理的食物原料搭配可能得到比较理想的低 GI 产品。

目前，在食品领域中主要是通过以下几种方式来降低食品的升糖指数。

① 提高食品中蛋白质或者脂肪的含量进而减少产品中碳水化合物的含量。

② 使用果糖或者慢消化淀粉、抗性淀粉来代替一部分碳水化合物。

③ 使用黏性膳食纤维复合物来起到降低终产品 GI 值的作用。

④ 使用蔗糖消化酶抑制剂。

⑤ 减少对原始食材的加工，使其保持比较完整的结构，增加消化的难度，进而延长消化时间。

⑥ 添加铬及铬的络合物。

2.2.2 低血糖生成指数食品制备举例

2.2.2.1 利用蛹虫草生产低血糖生成指数主食

蛹虫草又名北冬虫夏草、蛹草、北虫草等。相关研究表明蛹虫草中含

现代食用菌深加工

有核苷类、多糖类、虫草酸、甾醇类、超氧化物歧化酶等植物化学成分，蛋白质、微量元素含量也较为丰富。有效成分含量与冬虫夏草接近，主要的生物学作用有免疫调节、抗肿瘤、降血糖、降血脂、降血压、镇静、抑菌、抗氧化及延缓衰老等。目前，蛹虫草已实现规模化人工栽培。

以低血糖生成指数杂粮和奶粉为发酵底物，通过固态发酵的方式使蛹虫草菌丝体在发酵底物内生长，得到低血糖生成指数，高蛋白，低脂肪，富含膳食纤维、钙和蛹虫草有效成分的蛹虫草杂粮主食。制作步骤如下。

（1）蛹虫草母种的制备 选取生长良好的蛹虫草子实体，酒精表面消毒后，取子囊内部直径 5 mm 菌体接种于 PDA 斜面固体培养基，22℃避光培养 10 天左右，得到一级母种。

（2）蛹虫草液体菌种的制备 取直径约 1 cm 的固体菌种接种于 250 mL 液体培养基内，放入摇床内，22℃，120 r/min，培养 3 天左右，得到蛹虫草液体菌种。

（3）蛹虫草杂粮奶粉固体培养基的制备 将低血糖生成指数的杂粮（小米、红小豆、大麦、黑米的配比为 2∶1∶1∶1）与全脂奶粉混合，加适量水，培养基原料充分混合后于 121℃高压灭菌 20 min，为接种做准备。

（4）接种与培养 向培养基中接种液体菌种，每 20 g 杂粮奶粉培养基接种菌量为 3 mL，接种后 22℃避光培养 10 天左右，空气相对湿度控制在 60%。待蛹虫草菌丝体布满整个培养基后，转入 1000 lx 光照下培养，每天光照 12 h，培养温度控制在 22℃，空气相对湿度控制在 60%，光照培养 7 天左右，菌丝体由白色转为金黄色，停止培养。

（5）蛹虫草奶粉杂粮的处理 将培养好的培养基料低温真空冻干，超微粉碎，常温密封保存。

该方法将蛹虫草、全脂奶粉、五谷杂粮有机结合，用蛹虫草转化奶粉和杂粮，既降低了奶粉和杂粮中碳水化合物含量，又提高了蛋白质和膳食纤维的含量。奶粉中的饱和脂肪酸和胆固醇含量也进一步降低，同时引入了蛹虫草活性成分。发酵得到低血糖生成指数的食物，既提高了原粮的可食用度，又实现了各类营养素的重组与互补，提高了杂粮的生物学效益和附加值。

2.2.2.2　低血糖生成指数的无蔗糖全麦香菇曲奇

香菇嘌呤能显著降低血液中的胆固醇，防止动脉硬化；香菇多糖等提取物对多种肿瘤细胞有很强的抑制作用，并能刺激机体分泌对病毒具有抑制作用的干扰素；香菇中富含膳食纤维，对促进消化吸收，改善胃肠功能具有十分重要的意义。同时香菇的血糖生成指数为 28，非常适于糖尿病患者食用。在曲奇中加入香菇粉，用全麦面粉代替精制小麦粉，用麦芽糖醇代替蔗糖，旨在提高膳食纤维含量，提高营养价值，降低食物的血糖生成指数。

（1）原料配比　全麦面粉 90 g，香菇粉 10 g，麦芽糖醇 45 g，黄油 65 g，鸡蛋 25 g。

（2）制作步骤

① 和面　黄油搅打至颜色变白，加入麦芽糖醇、鸡蛋，继续打发至原体积的 1.5 倍，再加入香菇粉和全麦面粉，搅拌均匀。

② 成形　面团放入裱花袋中，挤成花形。

③ 烘烤　烤箱 170～180℃预热 10～12 min，烤箱中层烤 8～10 min 后关闭下火，继续烤制 5～7 min。

④ 冷却　烘烤好的曲奇，在干燥、阴凉、卫生的环境中自然冷却至少 15 min，制得无蔗糖香菇全麦曲奇。

2.2.2.3　低血糖生成指数的高膳食纤维谷物复合健康营养粉

这种低血糖生成指数、高膳食纤维谷物复合健康营养粉，是以玉米、莜麦、荞麦、菊芋、姬松茸、银耳为原料，经筛选除杂、润料、低温振动粉碎、挤出改性、粒度调整、调配等处理工艺生产而成。本产品适合肠胃消化紊乱、长期便秘、"三高"人群，也可用于糖尿病患者进行科学用膳，稳定血糖值。

该营养粉由玉米、莜麦、荞麦、菊芋、姬松茸、银耳按质量进行配比制成，其中以玉米为 100%计，莜麦 70%～90%，荞麦 70%～90%，菊芋 30%～45%，姬松茸 1%～5%，银耳 1%～3%。具体制作方法包括以下步骤。

（1）混合、润料　根据低血糖生成指数高膳食纤维谷物粉改性工艺流程，使用三维立体滚揉机将原料谷物粉分别与水按 2∶1 进行混合，混合后将含水物料放置于容器中，将物料表面采用保鲜膜将其封住，静置

30min，进行润料处理，使物料内所含水分均匀扩散，使物料含水均匀。

（2）**低温振动粉碎** 按配方要求准确分别称取无杂质洁净的玉米、莜麦、荞麦、菊芋、姬松茸、银耳，送入低温振动粉碎装置，振动介质为不锈钢球，直径 8 mm，介质填充率 75%，物料填充率 100%；脱皮脱胚的玉米籽粒粉碎得到粒度为 120～140 µm 的玉米粉备用；莜麦粉碎得到粒度为 100～140 µm 的莜麦粉备用；荞麦粉碎得到粒度为 100～140 µm 的荞麦粉备用；菊芋粉碎得到粒度为 110～140 µm 的菊芋粉备用；姬松茸粉碎得到粒度为 100～140 µm 的姬松茸粉备用；银耳粉碎得到粒度为 120～160 µm 的银耳粉备用。

（3）**挤出改性** 将步骤（2）中的玉米粉、莜麦粉、荞麦粉、菊芋粉均匀混合，调整水分含量 18%～24%，利用螺旋挤压双螺杆挤出技术，挤出温度为 120～165℃，得到物料粒度为 100～160 µm 的混合物性改良粉，无菌贮存，备用。

（4）**调配、灌封** 将步骤（3）得到的混合物性改良粉与姬松茸粉、银耳粉进行混合，采用挤出、混合熟化与干燥粉碎一体化技术，灌装封口，制得低血糖生成指数、高膳食纤维谷物复合健康营养粉成品。

2.2.3 低血糖生成指数食品的生理学功能

随着研究的不断深入，人们发现长期食用低 GI 食物能够降低血糖、血脂等水平，证明低 GI 饮食对健康有益，可以预防和控制各类慢性病。据报道，该类膳食应包括大量的蔬菜、水果和豆类，适量的蛋白质和油脂，少量精制谷物、马铃薯和浓缩糖类。低 GI 食品通常具有基质密度高、淀粉颗粒未糊化，或果糖、乳糖、脂肪、蛋白质含量高等特征。

2.2.3.1 低血糖生成指数食品与糖尿病

糖尿病是临床上非常常见的一种慢性代谢疾病，主要的病理原因为胰岛素绝对或相对分泌不足以及靶细胞对胰岛素敏感性的降低，从而导致碳水化合物、脂肪和蛋白质等代谢紊乱。糖尿病人的主要临床症状是"三多一少"，多饮、多尿、多食和体重减少，如果不加控制任由其发展，会导致机体产生多种并发症，危害人体健康。

糖尿病的发病机制比较复杂，目前还没有完全阐明。通常认为糖尿病与环境、遗传、饮食、身体状况等多种因素相关。在研究糖尿病的营养因素当中，最受关注的主要是碳水化合物代谢和脂肪代谢。

（1）**碳水化合物**　大量摄入碳水化合物可迅速提高血糖浓度，刺激胰岛素分泌，提高葡萄糖氧化分解速率，使机体血糖浓度保持相对平衡。如果体内血糖浓度长期处于比较高的状态，这样体内需要分泌更多的胰岛素来降低血糖，加重胰腺的负担，使胰腺发生病理变化，造成功能障碍，导致胰岛素分泌绝对或相对不足，产生糖尿病。

（2）**脂肪**　在动物实验中，喂食高脂肪食物的老鼠容易产生胰岛素抵抗，食用高脂肪食物的人也可能会出现类似情况。这是因为太多的脂肪以甘油三酯的形式储存在脂肪细胞中，导致肥胖，肥胖会引起机体对胰岛素不敏感，从而出现糖尿病。

糖尿病的治疗方法主要包括饮食控制、运动、药物、自我监测与健康教育。其中，饮食控制是最基本的治疗手段。

低血糖生成指数食品具有较低的 GI 值和能量。因此，糖尿病病人通过摄入适量的低血糖生成指数食品，既能满足身体对能量的需要，也能够有效地控制机体的血糖值。相关研究表明低 GI 食物可以有效地延缓葡萄糖的吸收，避免发生胰岛素抵抗、高胰岛素血症。因此，低血糖生成指数食品可以有效地改善人体餐后血糖的负荷，进而控制糖尿病病人的病情。

目前，国内外的专家学者进行了大量的动物和人体实验来验证摄入低血糖生成指数食品对糖尿病的影响。田宝明对链脲佐菌素诱导的糖尿病大鼠进行低血糖生成指数挂面和普通挂面的长期喂养，研究发现低血糖生成指数挂面喂养的糖尿病大鼠的各项生理生化指标与正常大鼠相差不大，表明低血糖生成指数挂面对链脲佐菌素诱导的糖尿病大鼠具有改善作用。另外，翟文奕研究了低血糖生成指数馒头对小鼠餐后血糖的影响，结果发现低血糖生成指数馒头可以有效地降低小鼠的餐后血糖。同时，也有研究者进行了更具实际意义的人体实验，研究结果表明食用低血糖生成指数食物的糖尿病患者与食用正常食物的糖尿病病人相比，摄入低 GI 饮食的患者拥有更低的空腹血糖水平和餐后血糖水平。还有一些研究表明低血糖生成指数食品制成的营养补充剂可以有效地降低 2 型糖尿病患者的血糖水平，还有助于患者控制体重。

22

2.2.3.2 低血糖生成指数食品与肥胖

肥胖是指人体的脂肪过多储存而表现出的一种状态，主要表现是脂肪细胞增多以及体积增大，也就是人体全身组织脂肪块增大，导致和其他组织失去正常比例的一种状态。目前，肥胖在世界各地呈现流行的趋势。

关于低血糖生成指数食品与高脂血症的关系已经有相关报道。研究结果表明，低 GI 饮食可以改善人体体内的血脂成分、内皮细胞功能、血栓因子和胰岛素水平，还可以缓解人体高血糖以及高胰岛素的相关症状，使高脂血症导致的冠心病的发病率降低，减轻人体炎症反应。Ebbeling 等人发现，与传统的减少低脂食物相比，低 GI 食物的摄入可以更有效地降低心血管疾病的风险，因为低 GI 食物的摄入可以降低人体甘油三酯和胆固醇水平，减少人体的总脂肪组织。此外，低 GI 食物可以预防高血压，它主要是通过增加肝脏中低密度脂蛋白（LDL）受体的水平，减少 LDL 颗粒中甘油三酯的数量，降低体内胆固醇浓度。

2.2.3.3 低血糖生成指数食品与癌症

癌症是人体中一系列的恶性肿瘤的总称，一般是指所有的恶性肿瘤，但在病理学上是指来源于上皮组织的恶性肿瘤。人体中的正常细胞会通过一系列的生长分裂而产生新的细胞。另外，正常细胞也会衰老或者受到损伤后死亡，这可以维持人体细胞的正常动态平衡。当人体细胞发生无限制的生长分裂和扩散时，会引起病变，也就是我们说的癌症。

根据人类流行病学的相关研究发现，高 GI 食物在体内会很快提高人体血糖水平，增加胰岛素的分泌，而且可在小肠中被完全地消化吸收。人体结肠在食物消化过程中缺少了必需的运动，减少了大肠、小肠的蠕动和转运，就更容易造成人体便秘，还可能会引发结肠癌。而低 GI 食物通常来说在人体肠道中难以消化，它不仅可以改善人体肠道蠕动，还能促进粪便和肠道毒素从体内排出，减少结肠癌和肠道机能失调等疾病的发生率。

2.2.3.4 低血糖生成指数食品与体育运动

食物最基本的功能就是充饥和维持人体的体力。低 GI 食品可以在人体维持较长时间的饱腹感，在体内降解速率比较慢，可以降低饥饿感，可以使能量在人体中缓慢持续地被释放。因此，它可以作为马拉松、自行车比赛运动员的膳食补充剂。在一项以自行车赛车运动员运动到筋疲力尽的时间为衡量标准的实验中发现，食用了低 GI 豆类食品的运动员比食用高 GI 土豆食品的运动员所坚持的时间长。

2.2.3.5 低血糖生成指数食品的其他健康意义

低 GI 食品除了具有以上的预防疾病、维持人体健康的功能外，还可以改善人体认知行为，例如青少年和儿童持续食用低 GI 谷物早餐可以改善人体的记忆保持能力。同时，长期低 GI 膳食还可以降低人口腔餐后牙菌斑的 pH，从而达到预防龋齿的作用。

2.3 食用菌在低血糖生成指数食品中的应用举例

目前有许多研究表明，食用菌具有良好的降低血糖血脂的生物活性。据相关研究报道，食用菌中可以降血糖的活性成分主要是多糖、黄酮、生物碱及三萜类化合物。黑木耳多糖可以明显降低四氧嘧啶糖尿病小鼠的血糖水平，灵芝多糖可以改善糖尿病大鼠的血糖和血脂水平。蛹虫草多糖对链脲佐菌素诱导的糖尿病小鼠有良好的降血糖作用。

由于食用菌具有良好的降血糖活性，将其加入食品中，可以有效地降低食品的血糖指数。因此，将食用菌加入低血糖生成指数食品中，不仅可以降低整体食品的血糖指数，还可以赋予食品更多的生物活性，有助于开发新型的食用菌多功能活性食品。

下面介绍一些食用菌在低血糖生成指数食品中的应用实例。

2.3.1 香菇

香菇作为我国珍贵的药物资源和食用资源，味道鲜美，香气特殊，营养价值十分丰富，而且有许多生理活性，比如降血压、降血脂、抗氧化、抗肿瘤、降血糖等。目前关于香菇在低血糖生成指数食品中的应用还不是很多。下面简要介绍一下发酵型香菇酸奶、香菇曲奇饼干和香菇 β-葡聚糖面包的研制。

2.3.1.1 发酵型香菇酸奶

据相关报道酸奶是一种低 GI 食品，牛乳经过乳酸菌发酵会产生多种营养物质，再加入香菇，能够赋予酸奶更好的营养价值和生物活性。

24

（1）**香菇浆的制备**　首先挑选色味纯正、无霉变、无杂质的香菇，将其清洗干净。然后将其在锅中蒸煮 15 min，使香菇软化，杀灭其中的微生物。然后在无菌操作下把香菇打成香菇浆，进行离心、过滤，得到香菇浆。

（2）**鲜奶的处理**　将验收来的鲜牛奶进行过滤，然后向其中加入一些脱脂奶粉来调整牛奶中固形物含量。

（3）**混合**　将鲜奶和香菇浆以 6∶4 的比例进行混合。

（4）**调配**　把乳化剂、增稠剂、甜味剂、稳定剂分别用温水完全溶解之后，加入上面的混合液中。加入的配料主要有单甘酯（质量分数 0.07%）、羧甲基纤维素钠（0.15%）、白砂糖（7%）、明胶（0.05%）。

（5）**均质**　将调配好的混合液用高压均质机在压力 30 MPa 下均质 2 次。

（6）**杀菌、冷却、接种**　将混合液加热到 121℃保持 15 min，然后冷却到 45℃左右，向其中接种 5%的生产发酵剂（嗜热链球菌和保加利亚乳杆菌的比例为 1∶1）。

（7）**灌装、发酵**　把接种好的混合液进行分装，将其放入 44℃的恒温发酵箱中发酵 4 h。

（8）**冷却、后熟**　将酸奶从发酵箱中取出并迅速冷却到 10℃以下，然后把它们放入到冰箱中冷藏 12～44 h，得到发酵型香菇酸奶。

2.3.1.2　香菇曲奇饼干

传统曲奇饼干多以小麦粉为原料，高糖高脂，具有较高的 GI 值。于是低 GI 值的香菇曲奇饼干应运而生，以下是香菇曲奇饼干的制作步骤。

① 将黄油软化之后搅打至顺滑。

② 向黄油中加入麦芽糖醇，继续搅打至体积稍微膨大。

③ 向其中加入打散的鸡蛋液，搅打至鸡蛋液和黄油彻底融合。

④ 向其中加入小米粉和玉米淀粉，搅拌均匀后再加入香菇粉，继续搅拌至均匀。

⑤ 装入模具中进行烘烤。

其中，小米粉的处理步骤是把小米粒挑拣去除杂质后用自来水淋洗浸泡几个小时，然后取出来用干燥箱烘干，粉碎机粉碎后过 100 目筛。

香菇粉是把香菇柄用自来水冲洗，弃去不可食用部分后在烘箱中烘干，粉碎过 100 目筛得到的。

步骤③中鸡蛋液与黄油搅打完成后，黄油应该呈蓬松、颜色发白的奶油霜状。

为了让得到的终产品外观平滑，装入模具后可以在冰箱中冷冻 0.5～1 h 后取出用刀均匀地切成相同的厚度。

烘烤过程中烤箱上火温度设置为 170～200℃，下火温度设置为 150～180℃，烘烤 5～15 min 后，关下火继续烘烤 5～10 min，然后将曲奇取出在室温下冷却。

2.3.1.3 香菇 β-葡聚糖面包

面包在日常生活中十分常见，由于食用方便而深受消费者的喜欢。面包通常的原料是小麦粉含大量的碳水化合物，被人体摄入后，淀粉被快速地分解为葡萄糖，被血液吸收，从而升高血糖。β-葡聚糖是一种水溶性多糖，由于具有良好的乳化性、增稠性和凝胶性而广泛应用于食品工业中，可以有效延缓淀粉老化回生，改善食物产品的质构特性，还可以赋予食品一定的营养保健功能。据相关研究报道，β-葡聚糖可以延缓淀粉消化，有一定的降血糖作用。下面介绍一种可以降低 GI 的面包。

① 将香菇用自来水清洗多次，自然进行风干后粉碎研磨 1 h，过 100 目筛，得到香菇粉。将粉碎的香菇粉加入 12 倍重量份的 75%乙醇中，75℃搅拌 3 h，离心，过滤，留滤渣。将滤渣加入 18 倍重量份的去离子水中进行微波处理（微波功率为 500 W，辐射时间为 1 h），过滤，收集提取液，沉淀。

② 将步骤①所得到的沉淀加入 15 倍重量份的去离子水中，再向其中加入 0.022 倍重量份的酶，用盐酸和氢氧化钠调节体系 pH 为 5，在 60℃恒温磁力搅拌下酶解 1 h，之后迅速升温至 100℃，灭酶 5～8 min，再次进行微波处理（微波功率为 500 W，辐射时间为 1 h），之后进行离心分离，然后将两次微波提取所得的提取液减压旋转蒸发浓缩，加入相当于浓缩液 5 倍重量份的无水乙醇，磁力搅拌 50 min，静置 24 h，离心，得到离心物。离心物加入 12 倍重量份的去离子水中，充分搅拌确保其完全溶解，用自来水、蒸馏水、超纯水分别透析 1 天，在冻干机里冷冻干燥，得到香菇 β-葡聚糖。

③ 将高筋面粉、酵母和水以 1∶0.015∶0.6 的质量比混合，和成面团，

现代食用菌深加工

放入醒发箱中，发至 2.5 倍体积大小，得到发面团。先将发面团撕成 30 g 的小团，再将发面团、高筋面粉、水、盐、白砂糖、香菇 β-葡聚糖、黄油、鸡蛋以 $1:0.32:0.12:0.013:0.1:0.02:0.065:0.1$ 的质量比放入和面机中搅拌均匀，使面团达到面筋充分扩展状态。

④ 将步骤③得到的面团进行第一次发酵，温度为 28℃，湿度为 75%，时间 50 min，将面团分割成四等份，揉搓成表面光滑的圆球形，静置松弛 12 min，进行中间发酵，温度为 28℃，湿度为 75%，时间 15 min。将面团轻轻地揉光滑并拉长，压成长片，经两次摘开卷起，整理成所需的形状，将折缝向下放入模具中，挤出所有面团中的气体进行最后发酵，温度为 35℃，湿度为 85%，发酵为成品体积的 75% 即可停止。

⑤ 将发酵完成后的面团进行装饰，置于已预热好的烤箱中烘烤，温度 200℃，烘烤时间 20 min，自然冷却至 35℃ 以下，包装并密封，置于通风处于室温下储藏。

2.3.2　灵芝

灵芝中含有多糖、多肽、氨基酸和多种微量元素等活性成分，具有抗炎、护肝、降血糖、抗衰老、增强免疫力等多种功效。下边介绍一些灵芝在低 GI 食品方面的应用。

2.3.2.1　发酵型灵芝全麦粉曲奇

将灵芝加入面粉中，可以开发一种既营养保健又具有独特风味的休闲食品。

（1）灵芝全麦粉的制备　首先制备种子培养基活化菌种，然后将菌种接种于发酵液中进行扩大培养。之后将发酵液接种到小麦培养基上进行固体发酵，发酵结束后将培养基灭活，在烘箱中干燥，最后磨碎过 100 目筛得到灵芝全麦粉，储存备用。

（2）产品配方　低筋粉 85 g，灵芝全麦粉 15 g，蛋液 25 g，黄油 65 g，食盐 0.5 g，白砂糖 12 g。

（3）操作要点

① 把黄油在室温下融化，不断搅打至颜色均匀顺滑。

② 把白砂糖分两次加入已经搅打过的黄油中，充分混合之后搅打至黄

油体膨大，再向其中多次加入鸡蛋液，持续搅打至体积蓬松，呈白色。

③ 把低筋粉和灵芝粉加入搅打后的黄油中，反复搅拌使其混合均匀。

④ 将混合好的面糊装入到专用的裱花袋里，将其挤压在垫有吸油纸的烤盘上。

⑤ 将烤箱上火调为180℃，下火150℃，烘烤15～20 min。

⑥ 烘烤完毕之后，将饼干冷却到常温后再进行后包装，然后在常温下避光密封储藏。

2.3.2.2 发酵型灵芝全麦面包

（1）灵芝全麦粉的制备 方法同2.3.2.1。

（2）产品配方 面包粉85 g，灵芝全麦粉15 g，黄油20 g，酵母1.2 g，白砂糖12 g，鸡蛋 30g，食盐0.8 g，改良剂0.3 g，水30 g。

（3）工艺流程 混粉→过筛→调粉→和面→发酵→整形→醒发→烘烤→冷却→包装。

（4）操作要点

① 原料预处理 按照上述配方进行，把面包粉和灵芝全麦粉混合并多次过50目筛，使其充分混合均匀；把酵母、改良剂和食盐等直接加入到混合粉中；把水加热到30℃左右；把鸡蛋搅打分散；将黄油软化后放置备用。

② 调制 把水和鸡蛋液全部加入面粉中，将其搅拌均匀之后加入黄油，继续搅拌至面团表面富有光泽，可以拉伸成膜。

③ 整形 把面团分成大小均匀的小块，将其捏成理想的形状后均匀地摆在烤盘中。

④ 醒发 把整形之后的面包坯放置在面包醒发箱中，醒发1.5 h左右。

⑤ 烘烤 把醒发好的面包坯放在烤箱中，温度调节为180℃，烘烤30 min。

现代食用菌深加工

Edible Mushrooms

第 3 章

食用菌在肠道健康食品中的应用

3.1 肠道健康食品概述

3.1.1 肠道健康食品的概念及其发展

当前，在功能食品科学领域中，肠道健康食品是一个值得进行深入细致探究的研究领域，消费者对有益肠道健康的食品需求很大。肠道作为日常饮食与维持生命的代谢事件之间的交界面，是功能食品开发中显而易见的靶点。随着对肠道功能认知的加深，大量研究发现居民的饮食习惯是当前多种疾病的首要诱发因素，涉及肠道功能与机体肠道中定殖的特定菌群结构、食品功能因子等多种因素。由此，功能食品科学最有前景的靶标之一在于肠道功能方面：维持肠道菌群平衡，调节肠道内分泌活动，决定消化道的免疫活性，控制营养物（特别是矿质元素）的生物有效度，调控通行时间和黏膜的运动性，以及调节表皮细胞增殖。约有60%的功能食品（主要是益生菌和益生元）以肠道和免疫系统为靶标。

肠道是人体与外部环境的屏障和营养物质的主要门户，主要通过消化机体摄入的食物，并基于肠道上皮对其进行消化吸收，进而最终发挥特定健康调节功能。具体而言，机体肠道可作为特殊屏障，保护机体免受有害物质和微生物的入侵；肠道上皮细胞亦可识别食物中的信号并将之传递到机体消化代谢系统，发挥免疫调节等功能；同时，在肠道表皮细胞单层下，多种细胞之间的相互作用可通过机体所摄入的食物成分产生多样的生理活性物质，并对其进行调控，最终影响机体正常生理状态。综合当前的研究进展，肠道健康食品在改善肠道健康作用途径中主要包括益生菌改善肠道菌群及调节微生物的平衡，低聚糖促进肠道菌群增殖，多糖改善便秘和保护胃黏膜，膳食纤维对便秘和腹泻的调节作用等。肠道中益生菌丰度的增加可抑制小肠、盲肠、结肠等不同肠道部位的病原菌丰度，并可对病原菌的有害代谢物进行吸收、转化，将其排出体外。另外，作为不易被机体直接消化吸收的成分，大部分低聚糖、多糖及膳食纤维可作为肠道菌群的特定营养来源，其被肠道菌群吸收后代谢产生的特定功能组分，如短链脂肪酸，可进一步被机体肠道细胞吸收，进而进入机体消化代谢系统，并产生特定的营养功能活性。

　　随着人们对膳食结构重要性的认知愈发加深，当代人们基于改善膳食结构促进机体健康水平的意识逐渐增强。尤其关于开发具有改善肠道功能的特定健康食品，主要包括促进机体正常的消化吸收功能，调节肠道菌群结构，保护机体消化道黏膜，预防便秘或腹泻等功效的功能性食品是当前功能食品研究领域的重要研究方向。当前改善肠道健康水平功能食品发展方向主要包括以下几方面。

3.1.1.1　高新技术在肠道健康功能食品开发过程中的应用

　　随着科技的进步，在当前功能食品开发领域，涌现出了多种食品开发高新技术，如超滤膜分离技术、微胶囊包埋技术、CO_2超临界萃取技术、酶联免疫技术、超微粉碎技术、分子蒸馏技术、无菌包装技术、真空冷冻干燥技术等。通过上述相关食品开发相关技术，可高效地从食品原料中提取出目的功能活性成分，通过进一步纯化工艺，根据产品要求对其进行营养科学配比，最终确定合理的加工工艺，进而通过调味、灭菌、营养调控等处理手段，可开发出一系列具有显著改善肠道健康水平的特定功能食品。通过高新技术在此领域的应用，可在保证其纯度的同时，大幅度提高提取制备效率，并降低传统技术过程中有毒有害物质添加的风险。

3.1.1.2　药食同源物质在肠道健康食品开发中的应用

　　我国作为传统的中医应用大国，食疗与药疗同时应用是我国中医领域研究的特征及发展方向。综合当前研究发现，功能食品与我国传统的饮食疗法的性质是统一且具有密切相关性的。一些药食兼用的植物、动物及微生物，已有大量研究证明其在调节人体肠道健康水平方面具有显著的促进改善作用。同时，在相关肠道疾病隐患的治疗中，其相关功能成分的应用被证明起到了显著的积极效果。

3.1.1.3　多学科交叉在肠道健康食品开发中的应用

　　多学科交叉是当前肠道健康食品开发的重要热点方向，究其原因是改善肠道健康食品中发挥具体功能的是其所含有的特定营养活性成分。由此，基于当前其他学科研究技术手段及前沿思路，包括分子生物学、现代营养学、生物化学、生物毒理学等，将其基础理论与应用研究思路相结合，是开发新型肠道健康食品的新思路。

3.1.1.4　新型食品基料对肠道健康食品开发的重要意义

肠道作为人体摄入食品后的主要消化吸收代谢器官，相关肠道健康食品中的基料在肠道中的消化特征直接决定了其在改善肠道健康水平的作用功效，因此从天然资源，如富含多酚类物质的浆果、富含非淀粉多糖组分的食用菌等物质中提取制备新型安全性高、营养功能活性显著的食品基料，对开发肠道健康食品具有重要意义。

3.1.1.5　肠道健康食品稳定性增强技术

通过对具有改善肠道健康功能的食品原料进行全面的基础性研究，包括其营养功能成分作用活性及摄入后在机体的作用靶点，并明确其营养功能构效关系，可确保其在机体内的稳定性及吸收途径。基于新型材料包埋及对肠道健康食品功能因子改性等特定技术，可确保其在被机体摄入后避免口腔、食道、胃等环境中对其结构的破坏，从而使其顺利到达肠道部位，通过肠道特定生物环境及微生物作用，被分解并靶向作用于肠道特定功能细胞，进而通过肠道吸收进入机体循环生理系统，发挥改善肠道健康水平的功能。

3.1.2　肠道健康食品作用机理

3.1.2.1　食品-肠道菌群-人体健康的相互作用关系研究

随着"人类微生物组计划""人体肠道元基因组计划"等研究项目的开展，人类对肠道菌群的关注到达了空前的高度。诺贝尔奖获得者 Joshua Lederberg 曾指出，人体与人体共生微生物构成了超级生物体。研究发现，人体肠道菌群主要由拟杆菌门、厚壁菌门、变形菌门、放线菌门和疣微菌门组成。它们寄居在肠道的不同的部位，通过特有的菌群结构、菌群活动、代谢产物等来影响机体的新陈代谢，维持机体内环境稳态。它们相对稳定，却又受到年龄、遗传背景及生活环境的影响，在数量、结构、菌群丰度及生理状态方面表现出明显的差异。

作为人体最庞大、最复杂的微生态系统，肠道菌群本身及其代谢产物对营养物质代谢、人体自身发育及免疫功能调节具有极为重要的作用。肠道菌群的变化直接影响和决定着机体的健康状况。正常身体状态下，肠道菌群处于相对稳定的平衡状态：一方面，肠道菌群利用宿主未完全消化的

食物成分，部分代谢产物以及肠道黏液等进行新陈代谢活动并维持自身的数量平衡；另一方面，有益肠道菌群丰度的变化及其各项生理活动会在多个方面影响宿主自身的健康水平。一旦这种平衡被打破，菌群就会从能量吸收、内毒素血症、短链脂肪酸、胆碱、胆汁酸代谢和脑肠轴等多种途径影响宿主，多种健康隐患也会随之产生，包括代谢综合征、结肠癌、肥胖以及糖尿病等。截至目前，来自世界各地的科学家相继发现并揭示了肠道菌群与宿主的免疫、营养代谢、癌症、神经性疾病、抗感染、适应寒冷能力等所存在的密切联系，相关研究成果发表在 *Nature*、*Science*、*Cell* 等国际顶尖期刊。关于肠道菌群的研究为阐明宿主机体功能变化机制提供了新途径，对当今世界人类的健康具有重要的意义。

3.1.2.2　肠道菌群与机体健康关系

正常身体状态下，肠道菌群结构及相应特征功能处于相对稳定的平衡状态，主要表现在：经宿主消化系统消化后的代谢产物、未被宿主消化系统消化吸收的部分食品成分以及肠道表皮组织所含有的黏液等可被肠道菌群利用以维持菌群自身的新陈代谢及特定的生理活动。另外，肠道中所含有益菌丰度的增加及其特征生理反应的增强可对宿主的身体机能及健康水平起到多方面的决定性作用。

2010 年的第 99 届"达勒姆感染、炎症和慢性炎症"会议用大量数据报道了微生物-脑-肠轴的存在。简单来说，脑肠轴是肠道功能通过肠道中的神经系统与脑部神经系统相关途径与中枢神经系统相关联的双向应答系统，主要包括以下几种作用途径：①神经途径，即肠内神经信号以迷走神经为中介，直接将相关信号传递至大脑中枢神经系统；②内分泌途径，肠道菌群的代谢产物及肠内分泌物等通过肠黏膜屏障，进入机体循环系统，进而由血脑屏障到达大脑中枢神经系统；③免疫途径，肠道菌群某些特征代谢物被机体免疫系统以信号分子的形式识别，进而通过调节免疫细胞并刺激它们产生相关细胞因子发挥调节神经系统的功能。精神类疾病，如抑郁症、帕金森病、阿尔茨海默病、孤独症（自闭症）等皆被证明与肠道菌群有关。如研究显示，自闭症儿童肠道出现肠道菌群紊乱概率较大，主要表现在其梭状芽孢杆菌丰度显著增加，　而当使用抗生素对肠道菌群进行抑制后，自闭症儿童的相关症状得到明显改善。2015 年美国加州理工

学院发表在 *Cell* 杂志上的研究显示，机体的情绪及抑郁症的发生概率可受血清素——一种可由某些特征肠道菌分泌的激素类物质影响，他们利用无菌小鼠，发现其肠道内的血清素与正常小鼠相比显著减少，通过菌群移植则可恢复无菌小鼠肠道内的血清素含量。另有研究显示，肠道菌群分泌的脂多糖等物质可增加肠道屏障的通透性，并导致肠道炎症的发生，从而引起肠道神经系统中 α 突触核蛋白的积累，并最终诱发产生帕金森病。

3.1.2.3　食品与肠道菌群的互作关系

作为机体内最大的微生态体系，肠道菌群具有生理性、生态性和系统性的特点，其具体的表现形式在不同分娩方式、喂养方式的婴幼儿及不同年龄、不同地域、不同生活习惯的人群中具有显著的差异，呈现明显的群体个性化特征。人类从出生开始通过多种方式获得肠道菌群，新生儿体内的微生物主要来源于母体产道、粪便以及体表的微生物，顺产与剖宫产婴儿出生后的肠道菌群具有显著差异。母乳喂养是婴儿出生后母体的菌群向婴儿体内转移的一种重要方式，母乳喂养的婴儿 1 周岁时肠道菌群的发育已经比较完善，3 周岁时肠道菌群基本接近成年人，主要由拟杆菌属、普氏菌属和瘤胃球菌属组成。当成人步入老年后，其肠道菌群则会发生有益菌减少，有害和腐败性细菌数量增加的趋势，研究显示，在健康者的肠道菌群中，肠杆菌和肺炎克雷伯菌较常见于 15 岁以下的儿童，而奇异变形杆菌则更常见于老年人（69～89 岁）。肠道菌群的构成在一定范围内时刻变化且处于一种动态平衡中，这与机体免疫功能、代谢等生理功能息息相关。

由于饮食结构、习惯的差异，不同地域的人群进入成年期后机体的肠道菌群结构仍具有显著的差别。以有机蔬菜为主的饮食结构与肠道菌群多样性的提高具有明显的相关性，而生鲜牛奶则可显著降低肠道内的菌群种类，但可促进梭状芽孢杆菌及真杆菌的显著增长。在地域饮食差异方面，日本居民长期以海藻类植物为食，其肠道中具有能分泌降解海洋性植物酶的微生物菌株，该菌株是日本人群肠道中的特有微生物。膳食因素是影响肠道菌群的重要因素。不同偏好的饮食方式对肠道中主要优势菌属的相对丰度具有显著影响。非洲儿童以高纤维、低脂肪饮食结构为主，欧洲儿童则以低纤维、高动物蛋白、高脂肪的典型西化饮食结构为主。与欧洲儿童相比，非洲儿童肠道中拟杆菌属菌群富集，厚壁菌属菌群缺乏，且普氏菌

现代食用菌深加工

属和解木聚糖拟杆菌仅存在于非洲儿童体内。另有研究比较了巴布亚新几内亚原住民和美国居民肠道菌群的组成差异，发现以红薯、芋头和车前草为主要食物的巴布亚新几内亚原住民粪便中富集大量普氏菌属、丙酸杆菌属、螺杆菌属以及链球菌属菌群，而在西方饮食的美国居民粪便中则以拟杆菌属、卟啉单胞菌属、嗜胆菌属居多。上述研究显示，饮食结构中不同的膳食因素可很大程度地影响宿主肠道菌群的构成，这些因素也可能是机体发育和健康隐患的诱因。近年来，这种膳食因素-肠道菌群-机体健康的相关性逐渐被应用于营养学上通过改变膳食结构来改进机体的健康水平层面的研究，即通过调整膳食结构调节机体肠道菌群组成，进而对宿主健康状况产生有益影响的研究，对阐释各种膳食因素的生理功能具有重要意义。

3.2　典型肠道健康食品及其功能评价

3.2.1　膳食纤维

膳食纤维（dietary fiber，DF）一词最早由 Hipsley 提出，指植物性食物中不可被人类胃肠道消化酶消化，但可以被大肠内的某些微生物部分利用或酵解的非淀粉多糖类和木质素的合称，可分为水溶性膳食纤维（soluble dietary fiber，SDF）和水不溶性膳食纤维（insoluble dietary fiber，IDF）两大类，其中水溶性膳食纤维主要为植物细胞内的储存物质和分泌物，其组成主要是一些胶类物质和糖类物质等能溶于水的物质；而不溶性膳食纤维的主要成分是纤维素、半纤维素、木质素和壳聚糖等。

膳食纤维主要来源于植物制品，如水果、蔬菜、谷物、坚果等。膳食纤维被认为与众多营养健康功能活性具有显著且密切的相关性，主要包括降低西方饮食特征所诱导的肠道健康失衡、糖尿病、高血压、癌症等的患病风险。尤其，随着对肠道菌群与机体健康相关性方面的认识逐渐加深，膳食纤维的营养健康功能活性作用机制被认为与肠道菌群密切相关。

膳食纤维中由单糖分子组成的特殊大分子结构可使膳食纤维具有与其他大分子物质所不同的物化特性，包括持水力、吸附作用、阳离子交换作用、溶解性和黏性以及特殊的微生物发酵作用。其中，高持水力可提高机体粪便含水率，显著增加粪便体积，促进机体粪便的排泄，从而对大肠健康水平产生积极的调节效应；膳食纤维的吸附作用被认为与其降血脂功能密切相关，这主要与其在不同 pH 条件下对胆汁酸的吸附作用有关；膳食纤维的阳离子交换功能则主要可对肠道环境的 pH、渗透压及氧化还原电位产生积极影响，一方面可使肠道中产生一种适合消化吸收的有利环境，另一方面，膳食纤维对肠道中阳离子的交换作用可调节机体肠道对矿物元素的吸收，从而对机体肠道健康产生积极的影响；膳食纤维的溶解性和黏性则可促使肠道中产生高黏度溶液，此种高黏度溶液对延缓和降低消化道中葡萄糖、胆固醇等物质的吸收具有显著的积极效应。最后，膳食纤维的发酵作用被认为是其主要的功能作用途径，已有研究发现其不能被机体肠道中特征消化酶及酸性环境所降解吸收，却可作为肠道中定殖的特征微生物的营养来源，被其发酵分解并产生多种物质，主要为乙酸、丙酸、丁酸等短链脂肪酸（SCFAs）。研究显示，SCFAs 不仅可通过 G 蛋白偶联受体 43 将信号传输给肠道免疫细胞抑制炎症产生，还可作用于小肠末梢和结肠中的内分泌细胞，调节激素胰高血糖素样肽 1 产生，增加胰岛素的分泌；另外，SCFAs 可以通过抑制组蛋白去乙酰化酶的活性来促进肠道内某些特异基因的表达，如肿瘤抑制基因。最新研究显示，SCFAs 可作为配体激活游离脂肪酸受体（free fatty acid receptor，FFAR），调节宿主的免疫功能，乙酸和丙酸可激活人体中性粒细胞和单核细胞中的 FFAR2，促进肠道中抗炎反应，FFAR2 基因缺失小鼠感染肠炎后，由于此通路受阻导致炎症急剧恶化，而无菌小鼠由于肠道内几乎不释放 SCFAs，同样表现出抗炎反应的失调。SCFAs 作为肠道菌群对膳食纤维酵解的终产物，对肠道的吸收代谢等生理功能起着至关重要的作用。所以，通过调整膳食结构中膳食纤维组成，进而改变肠道中 SCFAs 组成特征，使其对肠道健康产生有益的影响，是膳食纤维肠道营养健康功能研究领域的热点问题。

目前国内外提取膳食纤维的常用方法主要包括热水提取法、化学提取法、酶法等。比较而言，热水提取法设备便宜，工艺简单，但是提取率不高；化学提取法是采用化学试剂分离膳食纤维，主要有酸法、碱法等，化学提取法的特点是制备成本较低，但是酸碱等物质的处理问题存在隐患，环保上存在弊端；酶法是用各种酶如 α-淀粉酶、蛋白酶等去降解原料中的其他成分，这种方法高效、无污染，但是可控性较差。

食用菌富含膳食纤维，某些食用菌的菌丝体总膳食纤维含量超过其干重的 80%，如虎奶菇中总膳食纤维（total dietary fiber，TDF）含量占菌丝体干重的 96.3%。采用绿木纤维素酶与中性蛋白酶双酶法提取褐蘑菇不可溶膳食纤维，提取率可达 41.3%。采用碱浸法提取平菇中水不溶性膳食纤维，产率为 65.45%。以香菇为原料，碱法提香菇柄中可溶性膳食纤维，得率为 6.49%。

3.2.2　功能性低聚糖

低聚糖又被称为寡糖，主要分为消化性低聚糖和难消化性低聚糖，前者主要包括蔗糖、乳糖、麦芽糖、麦芽三糖等，后者亦被称为功能性低聚糖，包括低聚果糖、低聚异麦芽糖、低聚半乳糖、低聚果糖、低聚甘露糖等。随着研究的深入，发现功能性低聚糖不可被机体肠道消化系统中所存在的酶所分解，即其并不能被小肠所直接消化吸收，但功能性低聚糖可作为肠道中定殖的特定菌群（主要为双歧杆菌）的能量来源，从而通过调节机体肠道菌群发挥肠道健康调节作用。另外，功能性低聚糖对改善机体排便情况，降血压，降血脂，调节体重等亦具有显著的积极效果。传统低聚糖主要通过化学方法进行合成，但多具有添加过多的化学试剂、制备效率低下、产品纯度不高等弊端。酶法合成是当前普遍采用的新型低聚糖的制备方法，主要基于糖基转移酶和糖基水解酶两种酶的特征对低聚糖进行制备。其制备原理为水解和转糖基作用。但糖基转移酶底物的可利用性较低，且其底物多成本较高，故当前应用较少。糖基水解酶则由于其在生物体内的普遍存在，且所利用的底物成本低廉，被越来越多的低聚糖生产商家所青睐，但酶法制备低聚糖对设备、反应条件、反应时间等要求较高。

多数低聚糖具有不同程度的甜味，且功能性低聚糖由于其不可被机体所直接消化吸收，被越来越多地用于功能性甜味剂替代食品传统甜味剂，并被用于特殊人群（如糖尿病病人）食品的制造中。另外，低聚糖多具有显著的保湿性，在面包、饼干、点心等淀粉类食品的生产中被广泛应用，可显著延缓甚至防止其老化，从而对食品的货架期的延长具有积极效果。

37

同时，低聚糖对食品加工环境中所处的酸、热环境具有一定的耐受性，如低聚麦芽糖在 pH 3，120℃的条件下也不会分解，这也在一定程度上促进了其在食品加工过程中的应用推广。

随着机体健康与肠道菌群关系研究的深入，功能性低聚糖最独特的生理功能被认为是其难消化性。宏观层面上，功能性低聚糖不能或极少部分被机体小肠吸收，全部或大部分则主要经大肠中定殖的菌群所发酵，一方面产生特殊的活性成分被机体吸收，从而发挥特定的机体健康调节功能；另一方面，功能性低聚糖由于其黏性较大的物化特性，对机体排便具有显著的积极作用。具体而言，功能性低聚糖与肠道菌群的相互作用是当前功能性低聚糖功能活性研究领域的热点问题，功能性低聚糖在被摄入到达机体大肠后，可作为大肠中定殖的双歧杆菌的营养物质来源，被双歧杆菌选择利用，促使双歧杆菌成为机体肠道中定殖的优势菌群。双歧杆菌作为机体肠道中的典型有益菌种，已被证明在肠道中无内、外毒素的产生，且未发现相关的致病性。双歧杆菌的主要功效为将功能性低聚糖分解为乙酸、乳酸，促进肠道酸性环境的转变，从而在一定程度上抑制如大肠杆菌、沙门菌、金黄色葡萄球菌等有害菌种的增殖。另外，双歧杆菌还可通过磷壁酸与肠道黏膜上皮结合，并进而与其他有益菌种一起定殖于肠黏膜，从而阻止其他以肠黏膜为生存环境的有害菌种的增殖。由此，功能性低聚糖对机体健康的作用不容忽视，也正因为此，功能性低聚糖被用于当前越来越多的肠道健康食品的生产开发。另外，功能性低聚糖在抗龋齿、调节体重、改善吸收代谢、促进伤口愈合、降低胆固醇、免疫调节等方面皆具有显著的有益作用。

3.2.3 多糖

多糖广泛存在于自然界中的植物、动物、微生物等生物体内，是生物体内调节细胞分裂生长代谢、维持机体生命活动正常运转的重要的生物大分子，具有高度安全性、可生物降解性和生物相容性。多糖分子量较大且结构复杂，各种单糖可以在多个连接位点上相互连接从而形成各种分支或线性结构，从而携带着丰富的生物信息。研究表明，多糖具有多种生物活性，如抗肿瘤、抗氧化、抗病毒、延缓衰老、增强免疫力、降血脂及降血糖等。其结构的复杂性、生物活性的多样性、良好的应用前景和广阔的来源，使其成为功能食品开发的重要组成部分，相关的多糖产品不断上市，包括肝素、黄芪多糖、香菇多糖等。非淀粉多糖（non-starch polysaccharide，NSP）由于其富含多种生物功能活性，日益受到人们的重视，根据 NSP 是否具有溶解于水或弱碱溶液的特性，又可分为可溶性非淀粉多糖（soluble non-starch polysaccharide，SNSP）和不可溶性非淀粉多糖（insoluble non-starch polysaccharide，INSP）。当前研究较多的非淀粉类多糖主要包括菊粉、壳聚糖、真菌多糖等天然来源的活性多糖。其中，菊粉作为一种典型的功能性天然多糖，具有调节血脂、降血压、调节体重等功能。壳聚糖的典型营养功能活性为抗肥胖，其作为一种理想的减肥食品，主要可通过与体内脂肪酸、胆固醇、甘油三酯等生成难以被消化吸收的络合物，从而最终减少机体所获得的热量，达到减肥的目的。食用菌多糖为真菌多糖的代表，是当前功能食品研究领域的热点，如香菇多糖、金针菇多糖、杏鲍菇多糖、灵芝多糖等，皆被证明具有显著的免疫调节、降血压、降血脂、抗肿瘤、抗氧化等多种功能。

非淀粉类多糖不能被人体直接消化吸收，需进入肠道内被肠道菌群分解后才能被机体利用。肠道菌群对多糖的降解是多糖营养功能活性产生的基础。因此，以肠道菌群为媒介，探索多糖的健康调节作用及其作用机制是研究的主要方向。宿主的基因、年龄、疾病、环境和外源物（食物、药物）等都会对肠道菌群产生影响。外源物进入机体，必然与肠道菌群产生相互作用。因此，探究多糖的活性及保护机制，必须考虑多糖与肠道菌群的相互作用。

不同种类的多糖对肠道菌群结构的调节作用不完全相同。燕麦 β-葡聚糖可增加人和动物肠道中双歧杆菌和乳酸菌数量，提高丁酸和乳酸的含量。果聚糖能够促进肠道双歧杆菌的繁殖和丁酸含量。膳食纤维可通过增加普氏菌属的丰度提高糖代谢能力；阿拉伯木聚糖能促进双歧杆菌的增殖，增加肠道中丙酸的生成，调控胆固醇的合成，降低肠道中有害蛋白质分解产物的含量和缓解结肠细胞 DNA 损伤；聚右旋葡萄糖和半乳葡萄甘露聚糖能提高高脂膳食喂养的小鼠肠道中拟杆菌门/厚壁菌门的比值，促进双歧杆菌和乳杆菌的增殖，抑制粪球菌的生长；大多数天然产物多糖均能促进双歧杆菌或乳杆菌的繁殖，增加 SCFAs 的生成，而各类 SCFAs 比例有所不同。此外，不同结构的多糖对肠道菌群结构的影响也存在着差异，多糖的链长、糖苷键类型、连接方式以及分子质量都会对肠道菌群的结构产生影响。在未来的研究中，运用代谢组学及宏基因组学阐明多糖的结构特性与其调控的肠道菌属或菌种的关系，为揭示多糖通过调节肠道菌群影响机体健康的作用机制奠定基础，是多糖与肠道微生物研究领域关注的热点。

3.2.3.1　香菇多糖

利用香菇子实体中热水浸提，经过醇洗脱色、分离、纯化、透析、冷冻干燥等过程得到组分较均一的葡聚糖，其分子式为（$C_6H_{10}O_5$）n。已经明确香菇多糖的抗肿瘤活性与香菇多糖的一级结构有关。香菇多糖的一级结构是以（$1 \rightarrow 3$）-β-D-吡喃葡聚糖残基为主链，侧链为（$1 \rightarrow 6$）-β-D-吡喃葡聚糖残基的葡聚糖结构模型。X 射线衍射分析证明香菇多糖的立体结构为右旋三重螺旋的六方晶系，晶格常数 $a=b=1.5$ nm，$c=0.6$ nm。采用高分辨核磁共振（^{13}C NMR）研究表明，其二级结构为凝结型的单螺旋构象。其中（$1 \rightarrow 3$）-β-D 葡聚糖上的多羟基团对抗肿瘤活性起重要作用。研究表明，支链葡聚糖中，一重螺旋和三重螺旋结构占的比例与其生物活性呈正相关。

20 世纪 80 年代伊始，香菇多糖被证实是一种广谱免疫促进剂，至此，香菇多糖的研究开始转向药理和临床试验。研究表明，香菇多糖的药用作用并非直接攻击致病原，而是表现出对宿主免疫的介导和调节作用，通过刺激细胞成熟分化和增殖，改善宿主机体平衡，达到恢复和提高宿主细胞对淋巴因子、激素及其他生理活性因子的反应性。大量实验表明，多数香菇多糖能结合到人单核细胞上，并由此猜测香菇多糖影响人体免疫系统的首要因素是能结合到人单核细胞上。研究发现，对香菇多糖进行化学修饰能增加抗癌活性和抗病毒活性，如对香菇多糖进行羧甲基化可以有效增加其水溶性，而进行硫酸酯化能使其有明显的抗艾滋病毒作用。

3.2.3.2　猴头菇多糖

猴头菇因其子实体形状像猴子头部而得名，是一种大型真菌。猴头菇富含蛋白质、脂肪、纤维素、多糖以及人体必需氨基酸等。

研究表明，猴头菇多糖具有多种生物活性和药理作用，能增强巨噬细

现代食用菌深加工

胞的吞噬作用，促进溶血素的形成，抗白细胞下降，降血糖，抗凝血，抗血栓，抗突变和延缓衰老等。

大量研究结果表明，猴头菇多糖的抗肿瘤作用机理并非直接杀死癌细胞抑或降低其转化率，而是通过提高机体的免疫力和抗病力，增强机体对放疗、化疗的耐受性，从而间接达到抑制癌细胞生长和扩散的作用。刘重芳等研究结果表明猴头菇多糖能增加免疫功能低下的小鼠的胸腺和脾脏重量，增加环磷酰胺引起的免疫功能低下的小鼠白细胞数量，增强小鼠腹腔巨噬细胞的吞噬能力，说明猴头菇多糖能增强免疫功能。

通过大量的实验得出，多糖降低血糖的作用途径可能是多糖结合细胞膜上的特定受体，通过环磷酸腺苷将信息传至线粒体，提高糖代谢酶系的活性，加速糖的氧化分解。猴头菇多糖对四氧嘧啶诱发的糖尿病具有明显的预防及治疗作用。有研究发现，从猴头菌培养物中分离出来的多糖类物质对小鼠的肾上腺神经细胞的生长和分化有较好的促进作用。

3.2.4　益生菌

益生菌（probiotics）由希腊文起源而来，最早用来描述一种微生物产生的，能够刺激另一种微生物增殖的特殊物质。1974 年，probiotics 被美国学者 Parker 用于表示有益微生物，并被定义为"有助于保持肠道菌群平衡的微生物和物质"，但定义过为笼统，主要由于这种定义把微生物细胞、微生物代谢物以及商品性质的抗生素统一包括在内。1989 年 probiotics 被学者 Fuller 重新定义为"益生菌是含生理活性物质，能通过胃肠或定殖于结肠或在盲肠增殖，调整肠道菌群，提高机体免疫力的活的微生物"。这一定义在原有基础上大大细化了益生菌的分类，即其强调益生菌必须为活细胞，且其能够对机体口腔、胃肠道、上呼吸道或泌尿生殖道的健康水平起到显著的积极作用。1992 年，Havenaar 等对 probiotics 进行了进一步全新的定义："由单一或多种微生物组成的活菌制剂，当应用于人或动物后，能通过改善宿主土著菌群的组成，从而促进人或动物的健康。"Havenaar的定义不再将益生菌的作用局限于肠道菌群，其将机体其他部位，如呼吸道、泌尿生殖道和皮肤等中的特定菌群统一包括了进来。另外，Havenaar的定义首次明确指出益生菌在人体应用的特定概念，且指出益生菌可以由一种以上的微生物组成。2001年，联合国粮农组织和世界卫生组织（FAO/WHO）联合了相关学者对含益生菌的奶粉的健康和营养特性进行了商定，并将益生菌进行了全新的定义，即益生菌为"活的微生物，当摄入足够量（作为食品的一部分）时对宿主的健康有益"。该定义在益生菌原有定义的基础上，强调了益生菌活力的重要性，且对益生菌通过在机体中的生长即相关营养功能活性可对宿主的健康产生的有益作用进行了认可。其后，Schrezenmier等于2001年将Havenaar等在1992所提出的定义进行了重新修订，指出益生菌为"含有足够数量活菌、组成明确的微生物制剂或产品，能通过定殖作用改变宿主某一部位菌群的组成，从而产生有利于宿主健康作用的单一或组成明确的混合微生物"。益生菌的定义在我国最早是被刘群于1988年引入的，最初probiotics被翻译为益生素，康白和薛恒平等学者在1996年基于其与抗生素等微生物代谢产物相区别的原因，认为将probiotics翻译为益生菌更为合适，这在一定程度上强调了益生菌活菌制剂的本质特征。

益生菌可分为机体肠道中正常存在的生理性菌和非肠道菌，主要包括细菌、霉菌和酵母。其中乳酸菌，包括乳杆菌、链球菌、肠球菌和双歧杆菌是其最主要的菌属，其丰度的变化与宿主健康水平密切相关。适合的益生菌要针对其所发挥的营养功能特性区别使用，如所适用的摄入剂量、各菌属的丰度比例以及所应用的特定条件，要针对此要求有针对性地选择合适的益生菌功能食品。随着研究的深入，当前新型益生菌产品的选择标准主要包括以下几种。

① 用于产品开发的益生菌必须在简易廉价的发酵培养基中生产，且在需氧及厌氧环境中均能增殖。同时，在加工成功能食品过程中，必须对加工过程的离心、过滤、冻干、高压等特殊环境具有较强的耐受特性。经加工后的产品中，益生菌细胞数量不会显著降低，从而保证其在摄入之前仍具有可观的"活"细胞数量。另外，最为重要的一点，所生产的益生菌可在大多数食品基质中，及在45℃条件下能够存活，务必要对一定浓度的乙醇及盐浓度具有积极的耐受特性。

② 肠道转运能力益生菌型功能食品在货架期内所处的不同储藏环境中要具有一定的生存活力。另外，要保证被摄入后，对胃酸及酸性胃蛋白酶的水解具有耐受性，即不可被其水解，常规要求为益生菌要在此种环境

现代食用菌深加工

中存活 2 h 以上，且能够耐受较高浓度的胆汁盐，从而保证其能够通过胃部环境，顺利到达肠道部位发挥特定营养功能活性。

③ 益生菌普遍可利用功能性低聚糖、非淀粉类多糖等益生元作为本身的营养来源，并通过其本身代谢过程产生维生素、SCFAs 等特殊营养物质。同时，在产生特殊营养物质后，亦会对肠道酸碱环境产生影响，从而对肠道中大肠杆菌、金黄色葡萄球菌等有害致病菌的增殖产生显著抑制效果。

④ 益生菌类功能食品务必要具有显著的摄入安全性，其主要通过动物模型中的剂量-反应特征曲线以及血小板凝聚模拟实验进行评价。益生菌类功能食品必须要绝对安全且对机体健康有益，务必要保证其在机体肠道中的稳定性及对机体健康没有副作用。益生菌类功能食品要基于其特殊营养功能，如代谢胆固醇、抑制癌细胞增殖、调节免疫、代谢乳糖、促进矿物质吸收、调节重金属代谢、降低肠道有害致病菌感染、产生特定抗生素等功能有选择性地生产开发。

3.3 食用菌功能成分及其作用

3.3.1 多糖类

食用菌在我国已有几千年的食用历史，目前已有 100 多种的野生食用菌被人工驯化栽培，已形成规模生产和消费者广泛食用的品种主要有香菇、木耳、平菇、金针菇、双孢蘑菇、毛木耳、茶树菇、滑菇、银耳、秀珍菇、草菇、鸡腿菇等。食用菌含有丰富的营养和生物活性成分，主要有多糖类、萜类、蛋白质类、多肽类、腺嘌呤核苷、牛磺酸、甘露醇、维生素和矿物质。多糖类物质是食用菌最主要的活性功能成分，也是食用菌与机体健康关系研究领域的热点和关注点。近几十年的研究表明，香菇多糖、灵芝多糖、茯苓多糖及银耳多糖等食用菌多糖具有免疫调节、消炎、抗肿瘤、保护神经等作用。随着研究的深入，食用菌多糖的生理功能与作用机制被解释和揭示，食用菌多糖对肠道健康的调节作用也被关注。

研究发现取食双孢蘑菇可显著增加小鼠体内肠道菌群的多样性，而且通过摄食双孢蘑菇可明显改进由柠檬酸杆菌诱导的肠道菌群紊乱等症状。

近年来，学者利用纯化的食用菌多糖探讨其调节肠道菌群的作用，如以香菇多糖为研究对象，研究了其对肠道菌群紊乱的改进作用，发现香菇多糖可显著提高小鼠肠道中乳杆菌、双歧杆菌的丰度，同时可显著降低肠杆菌科和粪肠球菌的丰度。随着研究的深入，结合肠道菌群与宿主健康的密切关系，越来越多的科研人员开始以肠道菌群为基础，研究食用菌多糖对机体健康的改进作用。如研究发现香菇多糖对肠道菌群的调节作用与其改善衰老小鼠的免疫功能具有密切相关性，同时，香菇多糖可通过调节肠道菌群影响小鼠肠道中与代谢、细胞功能相关的多种蛋白的表达水平。另外通过高脂高糖饲养小鼠构建肥胖小鼠模型，发现肥胖小鼠在摄入灵芝多糖后，其肠道菌群结构得到显著改变，增加了产乳酸、产 SCFAs 相关肠道菌群的丰度，起到有益健康的作用。

虽然食用菌多糖研究领域取得了一些进展，但针对食用菌多糖的肠道生理效应和肠道菌群对肠道健康的影响等问题有待阐明，如食用菌多糖在体内的代谢特性与其分子特性之间的关系，不同来源的食用菌多糖的代谢产物的差异与微生物菌群的结构的关系，对肠道生理效应的具体影响及作用机理，肠道菌群与食用菌多糖两者之间在分子和基因水平上的动态相互关系。

3.3.2　蛋白质

蛋白质作为生命的重要物质基础，与人体健康密切相关。研究表明，摄入不同来源的蛋白质会影响宿主肠道中微生物菌群的平衡，进而对宿主肠道健康状况产生一定影响。我国消费者传统的蛋白质摄入源分为动物源蛋白质、植物源蛋白质和微生物源蛋白质。动物源蛋白质主要有肉类蛋白、鱼类蛋白、乳类蛋白、鸡蛋蛋白等，植物源蛋白质主要有谷物蛋白、豆类蛋白、果蔬类蛋白等，微生物源蛋白主要有食用菌蛋白、细菌蛋白、酵母蛋白等。其中猪肉、大豆、双孢蘑菇由于其蛋白质含量丰富、营养价值高且来源广泛等优点，是我国居民当今主要的动物、植物以及微生物蛋白来源。

蛋白质作为人体主要的营养物质，每天有 12~18g 进入人体结肠，对人体肠道微生物的菌群结构具有不可忽视的影响。不同来源的蛋白质进入结肠后，蛋白质可以作为肠道微生物的氮源，也可以作为能量来源，以供应肠道微生物的生长。肠道微生物利用未消化的蛋白质进行厌氧发酵，产生一系列的代谢产物，这些化合物与肠道的黏膜功能有关并且与黏膜细胞发生反应。蛋白质的发酵产物比较复杂，蛋白质主要经过脱氨基作用，生成 SCFAs、支链脂肪酸（BCFA）和氨，或者经过脱羧基作用，生成一系列的胺类化合物。从近年来的报道可以看出，蛋白质对肠道微生物菌群结构的影响是好是坏还没有一致的结论，有些研究认为蛋白质能增加有益菌的丰度，产生 SCFAs 并降低有害菌的量，有些结果刚好相反。这一矛盾可以用蛋白质在结肠发生脱氨基和脱羧基的两个转化方向解释。目前关于摄入蛋白质对肠道微生物菌群结构影响的研究较少。已有研究发现，食物中的碳水化合物、脂肪、蛋白质的种类和平衡对肠道群落结构具有重要的影响作用，如肠道菌群能够合成和降解一些氨基酸，有些氨基酸不能被结肠上皮细胞吸收而被微生物所利用。微生物新陈代谢的短链脂肪酸和有机酸可作为能量供给上皮细胞，然而硫化物和氨则能阻止结肠上皮细胞对其的利用。动物实验表明，大鼠高蛋白膳食喂养 15 天后结肠中 SCFA、BCFA、乳酸、琥珀酸、甲酸以及乙醇含量上升，同时球形梭菌、柔嫩梭菌和普拉梭菌数目减少。

食用菌是人类微生物源蛋白的主要来源。研究显示 1 kg 食用菌干品中的蛋白质含量为 228～249 g，显著高于其他蛋白来源的食品种类。现代营养学研究表明，食用菌中的蛋白和多肽作为活性天然产物，具有多重显著的营养功能，如增强机体对外源摄入营养成分的消化和吸收，调节机体免疫功能，从而增强机体对外源致病病原体的抵抗能力以及抑制某些生物酶的活性。总体来说，通过对具有特定生物功能活性的食用菌蛋白和多肽进行定性发现，一些食用菌源蛋白质被发现并命名为凝集素、真菌免疫调节蛋白（FIPs）、核糖体失活蛋白（RIPs）、核糖核酸酶以及漆酶。近年来，随着研究人员对肠道菌群与机体健康状况的关系兴趣加深，基于肠道菌群结构变化对活性蛋白质介导机体健康调节作用是目前研究的热点问题。具体来说，研究发现，食用菌源凝集素是一类与碳水化合物相结合的糖蛋白，拥有免疫调节、抗肿瘤、抗病毒、抗细菌以及真菌感染等生物活性。FIPs的命名主要基于其特定的免疫调节活性，FIPs 作为一类新型食用菌源蛋白质，在治疗肿瘤方面被广泛应用。最新研究表明，FIPs 独特的免疫调节活性与其对肠道菌群的影响密切相关。RIPs 作为一类可通过消除 RNA 腺苷残基从而抑制核糖体活性的食用菌源活性蛋白，具有抑制 HIV-1 病毒逆转录酶的活性，另外，RIPs 也可对外源病原真菌的增殖具有显著的抑制作用。在肠道菌群结构的变化方面，另一种食用菌源蛋白质，核糖核酸酶被发现可抑制金黄色葡萄球菌、绿脓假单胞菌以及荧光假单胞菌等病原菌的增殖。漆酶则作为一类广泛存在的食用菌来源蛋白质，被发现与机体肠道中病原体感染、免疫发生及病原微生物形态的改变具有密切的相关性。另外，研究显示，漆酶具有复杂代谢产物的转化能力，这种能力被发现与肠道菌群结构的变化密切相关。

3.3.3 萜类

从食用菌中获得的萜类可分为单萜、倍半萜、二萜和三萜。研究人员对从食用菌中提取的多种倍半萜类化合物进行了研究，包括马兜铃烷、没药烷、花侧柏烷、血苋烷等。食用菌中的二萜类化合物主要是鸟巢烷型，大多数三萜类化合物为羊毛甾烷型。此外，食用菌萜类已被证明具有多种功能活性，如抗氧化、抗病毒、抗癌、抗炎、抗疟疾和抗胆碱酯酶活性。有研究从杏鲍菇中分离出五个具有抗炎活性的单萜和两个倍半萜，另有研究从灵芝中提取出具有抗乙酰胆碱酯酶活性的灵芝酸甲酯和灵芝酸正丁酯。基于食用菌中所含萜类的生物功能活性，制药公司开发出多种用来治疗阿尔茨海默病和相关的神经衰退性疾病的药物。关于食用菌萜类成分与肠道健康的关系方面，当前研究尚不够深入，主要原因在于萜类在食用菌中的含量较低。但关于食用菌中所含有的活性萜类成分与肠道健康的关系是未来食用菌功能活性研究的新思路。

3.3.4 酚类化合物

总体而言，食用菌中酚类化合物被认为是具有一个或多个芳香环和一个或多个羟基的芳香族羟基化合物。相关文献报道，酚类化合物最重要的生物活性是抗氧化活性，可作为自由基抑制剂、过氧化物分解剂、金属灭活剂或除氧剂广泛应用到功能食品的开发中。酚类化合物可针对几种功能衰退性疾病提供防治，如脑功能障碍和心血管疾病等。这类功能活性主要与它们清除自由基和活性氧的能力有关，自由基和活性氧的清除有利于生物机体运转和分子功能作用。多种食用菌，包括双孢蘑菇、牛肝菌、香杏

现代食用菌深加工

丽菇、鸡油菌、松乳菇和平菇中的酚类化合物被发现具有显著的抗氧化能力。有研究通过 FRAP 和 DPPH 方法分析了 17 种野生食用菌中的酚类化合物和它们的抗氧化活性，结果表明不同种类的食用菌均具有较高的抗氧化活性。考虑到食用菌中酚类化合物的含量及其抗氧化活性，研究人员将注意力转向了食用菌对大脑的保护活性。作为典型日常消费的食用菌品种，金针菇中的六种成分（主要是酚类化合物）对 H_2O_2 诱导的 PC12 细胞氧化损伤具神经保护作用。另有研究发现灵芝提取物（主要由酚类化合物组成）具有显著的抗乙酰胆碱酯酶活性。另外，有研究对食用菌中酚类化合物的其他生物活性，例如抗炎、抗微生物、抗癌和抗病毒作用进行了评价。如从鲍姆木层孔菌中获得的三种酚类化合物均能抑制 LPS 刺激的 RAW 264.7 细胞中一氧化氮的产生。桑黄中的多酚化合物可对肿瘤细胞和外源致病菌产生显著的抑制增殖活性，如抑制肿瘤细胞 PC3 和革兰阳性细菌增殖。随着对肠道菌群代谢特征研究的深入，发现与复杂碳水化合物相似，酚类化合物亦不可被机体小肠直接消化吸收，而是作为肠道菌群的食物来源，通过被肠道菌群摄入并转化成其他活性物质从而被机体消化吸收，并发挥特定的生物功能活性。当前关于酚类化合物与肠道健康相关性方面的研究主要着重于浆果来源的酚类化合物，关于食用菌中酚类化合物的肠道健康调节功能研究较少，尤其关于其通过调节肠道菌群结构对机体产生的免疫调节、神经保护活性等方面尚需深入研究。

3.3.5 多不饱和脂肪酸

作为食用菌中最常见的脂质，多不饱和脂肪酸已被证明具有降低机体血清中胆固醇浓度的生物活性功能。亚油酸，作为机体重要的脂肪酸，被发现存在于食用菌中，且从中提取的亚油酸具有多种生理功能活性，尤其是通过抑制 NO 的产生和促炎细胞因子的表达来改善 RAW 264.7 细胞炎症水平。同时，食用菌中提取的亚油酸可通过抑制乙酰胆碱酯酶和丁酰胆碱酯酶的活性降低高龄人群阿尔茨海默病的患病风险。食用菌源多不饱和脂肪酸对肠道健康的影响方面的研究尚处于起步阶段。关于食用菌中多不饱和脂肪酸对肠道健康改善作用方面的研究是未来食用菌作为肠道健康功能食品的另一研究重点。

Edible Mushrooms

第 4 章

食用菌在保健食品及特医食品中的应用

现代研究表明，食用菌的子实体提取物或从发酵菌丝提取的活性成分适合药用。有许多食用菌含有有助于人类健康和减轻健康威胁的成分。例如食用菌富含的 β-葡聚糖具有免疫调节作用，一些三萜成分和蛋白质可作为免疫系统调节剂，其他次生代谢物如生物碱、凝集素、内酯和萜类化合物也具有治疗潜力。因此，食用菌在保健食品及特医食品的开发中具有非常大的应用潜力。

4.1　保健食品及特医食品简介

药品（包括各类疫苗）、保健食品、特殊医学用途配方食品（特医食品）和新资源食品，是目前我国有明确法律称谓的商品。药品是明确用于防病治病的物品，后三者都属于食品的范畴，但又有不同的监管要求和使用限定。

4.1.1　保健食品

保健食品用来调节人体某些机能，适宜与不宜食用人群按要求均在标签和说明书中载明。保健食品中含有一定量的功效成分，可以有某些保健功能，但必须是在保健功能目录之内。目前我国批准受理的保健功能中，保健食品的功能有 27 种，包括增强免疫力、辅助降血脂、辅助降血糖、抗氧化、辅助改善记忆、缓解视疲劳、促进排铅、清咽、辅助降血压、改善睡眠、促进泌乳、缓解体力疲劳、提高缺氧耐受力、对辐射危害有辅助保护功能、减肥、改善生长发育、增加骨密度、改善营养性贫血、对化学性肝损伤有辅助保护功能、祛痤疮、祛黄褐斑、改善皮肤水分、改善皮肤油分、调节肠道菌群、促进消化、通便、对胃黏膜有辅助保护功能；营养素补充剂的功能有 1 种，为补充维生素、矿物质。任何声称这 28 种保健功能之外的保健食品均是违法的，也不会是国家正式批准的。

我国 2014 年颁发的 GB 16740—2014《食品安全国家标准　保健食品》中，就对保健食品进行了如下定义：保健食品是具有特定保健功能或者以补充维生素、矿物质为目的的食品。即适用于特定人群食用，具有调节机体功能，不以治疗疾病为目标，并且对人体不产生任何急性、亚急性、慢性危害的食品。现阶段中国保健食品一共可以分为两大类：功能型保健食品和营养素补充剂。前者主要是指具有一种或一种以上的功能，例如可以缓解体力疲劳、增强免疫力以及抗氧化等；而后者主要是以补充维生素、矿物质为目标的产品，并不能为人体提供能量。究其定位，保健食品既不属于药品也不属于普通食品。一方面保健食品适用于特殊人群，具有对人体机能进行调节的作用，另一方面保健食品也不属于药物，它并不以治疗某种甚至几种疾病为目标。作为介于药品与食物之间的一种食品，保健食品在中国主要以片剂、胶囊、口服液等形式进行供应。

保健食品在我国有着十分深厚的存在背景，特别是在近 40 年的发展与演变过程中，保健食品领域已经成为国民经济的重要支撑。随着时代的发展以及人们认知水平的提升，整个行业还会在不久的将来迎来更多的挑战和机遇，在不断完善的管理政策作用下，步入一个全新的发展时期。

4.1.2　特医食品

特殊医学用途配方食品（FSMP）简称特医食品，是为了满足进食受限、消化吸收障碍、代谢紊乱或特定疾病状态人群对营养素或膳食的特殊需要，专门加工配制而成的配方食品，包括全营养配方食品、特定全营养配方食品、非全营养配方食品 3 类。该类产品必须在医生或临床营养师指导下单独食用或与其他食品配合食用。特医食品是肠内营养食品的一种，较之肠外营养食品，具有改善营养不良、促进患者康复、缩短住院时间、节省医疗费用等优点。特医食品的概念起源于欧洲，20 世纪 80 年代，兴起了将肠内营养的技术以食品为载体用以辅助治疗肠道疾病的全新理念，欧洲将这类技术型的产品叫作特殊医用目的性食物。

特医食品不具备保健功能，强调能量提供和营养支持，适用于 0～12 月龄的婴儿以及 1 岁以上患有特殊疾病、对营养素有特别需求的人群。这一类人通常无法进食普通膳食，或无法通过日常膳食满足营养需求。特医食品则根据产品分类，用以满足目标人群的全部营养需求、部分营养需求，以及针对特定疾病或医学状态的特定营养需求。如果可以通过食用膳食达到营养要求的人群，均不属于特医食品的目标人群，如孕妇，虽然在一定时期有特别的营养需求，但可以通过改善膳食达到，所以不存在针对孕妇的"特医食品"。

早在20世纪80~90年代，一些发达国家便开始广泛使用特医食品类产品，并相继制定了相关标准和配套管理措施。从不同国家营养不良患者特医食品的使用率可以发现，美国的使用率约65%，英国约27%，而中国仅为1.6%。特殊医学用途配方食品在发达国家的发展相对成熟，在技术和临床营养干预方面的分配较为合理。虽然中国特医食品的消费市场潜力巨大，但仍处于发展初期，医用食品种类单调，分型简单，应用领域单一，而且主要原料依靠进口，加工技术落后；无论是产品的使用者、生产者还是监管者，对特医食品的认知都普遍缺乏；需要得到肠内营养干预的人群甚至对其一无所知；市场上流通的特医食品或类似产品更是参差不齐。针对上述情况，国家发布了一系列特医食品相关的法律法规，如 2010~2013年国家卫生相关部门颁布的"2+1标准"——《食品安全国家标准 特殊医学用途婴儿配方食品通则》（GB 25596—2010）、《食品安全国家标准 特殊医学用途配方食品通则》（GB 29922—2013）和《食品安全国家标准 特殊医学用途配方食品良好生产规范》（GB 29923—2013）；2015年《食品安全法》将特医食品与保健食品、婴幼儿配方食品一起纳入"特殊食品"；2016年 7 月 1 日，《特殊医学用途配方食品注册管理办法》正式实施等。为贯彻落实《"健康中国2030"规划纲要》，提高国民营养健康水平，国务院办公厅还专门出台了《国民营养计划（2017~2030年）》，其主要目标就是完善营养产业法规标准体系，发展食品营养健康产业，提升营养健康信息化水平，改善重点人群营养不良状况，进一步普及健康的生活方式，提高居民的营养健康素养等。

事实上，中国食品行业拥有很大的舞台，未来中国特殊医学用途配方食品市场也必将迎来新的发展机遇。自国家食品药品监督管理总局颁布《特殊医学用途配方食品注册管理办法》以来，《特殊医学用途配方食品注册管理办法》相关配套文件、《国家食品药品监督管理总局特殊医学用途配方食品注册审评专家库管理办法（试行）》和《特殊医学用途配方食品临床试验质量管理规范（试行）》等相继出台，我国特殊医学用途配方食品管理制度日趋完善。

4.2 食用菌的保健功能及相关品种

目前，国内外学者在食用菌类生物活性成分提取纯化工艺、药理临床等方面进行了较深入的研究。食用菌类原料是保健食品中普遍使用的原料，在我国保健食品的研究开发中具有重要的作用和地位。

4.2.1 食用菌的保健功能

1. 增强免疫力功能

王思芦等研究表明，食用菌多糖对免疫调节具有重要的作用，其发挥免疫的机理包括：通过改变 CD3$^+$、CD4$^+$ 和 CD8$^+$ T 细胞的数量及其所占比例来调节机体的细胞免疫反应；作为免疫增强剂提高机体抗体水平，促进体液免疫功能；调节单核吞噬细胞功能作用等。Fang Leilei 等研究还表明，食用菌多糖能促进 RAW 264.7 细胞中白细胞介素（interleukin，IL）-6（IL-6）、IL-1、环氧化酶-2、Toll 样受体 4（toll-like receptors 4，TLR4）、髓样分化因子 88 等的 mRNA 表达，发挥免疫调节作用。还有学者认为，食用菌的免疫调节作用还与其富含的锗、硒有关。随着年龄的增长，机体正常免疫功能会随之下降，而锗可积极调节免疫系统功能，硒则通过保护胸腺，维持免疫淋巴细胞活性，有效促进抗体生成，发挥促免疫功能。

增强免疫力功能的一类产品在目前食用菌类保健食品中所占比例最多，且以灵芝、破壁灵芝孢子粉原料使用较多。李立等对破壁灵芝孢子粉增强小鼠免疫作用进行了研究，结果显示，0.33 g/kg、0.67 g/kg、2.00 g/kg剂量组均能提高小鼠脾淋巴细胞增殖；高剂量组还可促进抗体、血清凝血素生成，提高自然杀伤（natural killer，NK）细胞和腹腔巨噬细胞活性。肖颖等利用高效液相色谱图建立了 16 批不同产地的茯苓多糖指纹图谱与免疫活性相关的分析，结果发现，茯苓多糖主要由甘露糖、半乳糖、葡萄糖等 8 种单糖组成，以不同浓度的茯苓多糖刺激小鼠巨噬细胞后，发现一氧化氮释放量与多糖浓度呈正相关，表明茯苓多糖对免疫调节具有一定的贡献。此外，有学者研究发现灵芝中的 β-葡聚糖能激活巨噬细胞，加速分泌促炎性细胞因子，提高免疫刺激作用。

现代食用菌深加工

蝙蝠蛾拟青霉和蛹虫草等虫草类食用菌也常用于免疫产品的开发。傅惠英等通过实验观察蝙蝠蛾拟青霉对小鼠免疫功能的影响，发现 3.0 g/kg 剂量的蝙蝠蛾拟青霉能提高小鼠的吞噬指数和半数溶血值、T 淋巴细胞和 B 淋巴细胞增殖能力、NK 细胞活性，表明蝙蝠蛾拟青霉具有免疫调节作用。有学者研究了 83.3 mg/kg、166.7 mg/kg、333.3 mg/kg 3 种剂量蛹虫草对小鼠细胞免疫相关的动物实验及评价，结果发现，中、高剂量可以增强刀豆球蛋白诱导脾淋巴细胞增殖、腹腔巨噬细胞活性、迟发型变态反应，且各组剂量组均能增强碳廓清能力。李志涛等研究发现蛹虫草多糖能促进小鼠脾细胞增殖，表明其具有免疫调节活性。

另外，食用菌可通过影响免疫细胞信号 Ca^{2+}、NO、环磷酸腺苷和环磷酸鸟苷的转导与活化等实现增强免疫力的作用。研究表明，金针菇多糖、灵芝多糖、猪苓多糖能通过促进巨噬细胞分化、释放 NO 等作用发挥免疫调节功能；姬菇酸性多糖能提高免疫低下小鼠的肝脏、肾脏免疫功能。

2. 辅助降血糖功能

牛君等认为食用菌降血糖的主要机制有调节糖脂代谢平衡；改善胰岛素抵抗作用，修复胰岛 β 细胞损伤；改善机体氧化应激，清除自由基所致胰岛 β 细胞损伤等途径。Xiao Chun 等研究了灵芝多糖降血糖的作用机制，结果表明，食用菌多糖可通过降低糖异生、糖酵解途径有关的关键酶表达水平，降低 2 型糖尿病小鼠的空腹血糖水平，以达到降血糖功效。Liu Yuntao 等发现食用菌还可抑制体外模型 α-葡萄糖苷酶活性，并提高机体抗氧化活性，从多个途径实现降血糖功能。

Zhang Chen 等研究表明猴头菌多糖能下调糖尿病模型鼠血清中的谷草转氨酶、血尿素氮、谷丙转氨酶水平，发挥降血糖功能。Wang 等证明 100 mg/kg 的猴头菇甲醇提取物对糖尿病大鼠不仅具有降血糖作用，还可降低血清甘油三酯的升高速率和总胆固醇水平。袁利佳等发现蝙蝠蛾拟青霉菌粉能减弱糖尿病大鼠的胰岛、肾脏损伤。杜林娜等通过动物实验证明蝙蝠蛾拟青霉 Cs-4 提取物可显著提高糖尿病小鼠血清胰岛素浓度，有效降低其空腹血糖浓度、甘油三酯以及血清胆固醇水平，具有良好的降血糖、调血脂的作用，并推测其降血糖机理与 Epac2/Rapl 通路加速分泌胰岛素发挥功能有关。另外，段懿涵等结合动物实验研究得出鸡腿菇多糖能降低糖尿病大鼠血糖、血肌酐、丙二醛、总胆固醇和甘油三酯的含量，提高血清中胰岛素含量和 SOD 活力，对糖尿病大鼠具有降血糖和抗氧化的作用。

3. 抗氧化功能

肖星凝等研究总结得出，食用菌抗氧化的主要机理包括清除自由基、调节抗氧化相关酶活性、螯合过渡金属离子、抑制丙二醛和脂质过氧化物的产生等。Maja 等认为，机体氧化损伤与通过从线粒体电子传递体系中释放电子而产生氧气有关，而食用菌由于其含有生物活性化合物（如多酚、多糖、维生素、类胡萝卜素），可发挥重要的抗氧化性能。Xiao Jianhui 等研究表明，食用菌可通过增强免疫系统功能、促进内源性抗氧化酶的产生以及抑制脂质过氧化作用，发挥抗氧化作用。

陈子涵等研究发现金针菇、香菇、茶树菇、平菇和杏鲍菇均具有一定的抗氧化和抑制肿瘤增殖的能力，其中香菇、茶树菇、金针菇抗氧化能力较强。Shang Hongmei 等的研究表明姬菇酸性多糖可提高机体 SOD 及谷胱甘肽活性。

4. 调节肠道菌群功能

肠道菌群与机体免疫功能密不可分，因而其健康作用日益凸显。程孟雅等证明食用菌调节肠道菌群是多糖起主要作用，主要机制可通过调节肠道菌群的组成和结构，增强免疫功能，抵抗疾病侵害，保护肠道健康。杨开等研究了破壁与未破壁灵芝孢子粉制取的低聚糖对肠道菌群的影响，发现两者均能增加双歧杆菌和乳酸杆菌属等有益菌数量，同时促进短链脂肪酸的产出，刺激肠道蠕动，具有良好的调节肠道菌群功能。猴头菌多糖可提高机体结肠和盲肠短链脂肪酸含量，从而维持肠道健康。香菇多糖可提高运动员短链脂肪酸总含量、胃泌素、胃动素以及双歧杆菌等含量，起到调节胃肠道功能健康作用。

5. 缓解体力疲劳功能

王换换等探究了灵芝孢子粉缓解疲劳生化机制为升高小鼠肝脏和肌肉中糖原能水平，提高小鼠能量储备；同时，降低血糖水平，减缓尿素氮堆积速率，加强机体对负荷的适应性，发挥抗疲劳功效。研究表明，蝙蝠蛾拟青霉菌丝体可通过清除代谢产物堆积，维持机体内环境和代谢的平衡，发挥抗疲劳及耐缺氧的功效。冯俊进行了金针菇多糖抗运动疲劳的动物实

现代食用菌深加工

验和人体试食实验，结果表明金针菇多糖能有效延缓血液中血尿素氮及血乳酸堆积，调节机体代谢与功能平衡，缓解运动疲劳。

6. 保肝护肝功能

王淑敏等研究表明松杉灵芝发酵菌丝能提高免疫因子及 SOD 活力，其富含的麦角甾醇可转化为维生素 D_2，进而降低肝纤维病理模型小鼠的基质金属蛋白酶（matrix metalloproteinase，MMP）-3、转化生长因子、MMP-9 表达，从多个途径发挥护肝作用。另外，黑木耳及其黑色素、云芝浸膏及其提取物、蛹虫草多糖均可降低肝损伤模型小鼠血清中谷丙转氨酶、谷草转氨酶水平，并通过上调抗氧化活性，强化自由基清除作用等多个途径发挥护肝作用。

7. 改善睡眠功能

俞盈等通过动物实验发现，灵芝酸能缩短睡眠潜伏期，有效延长实验小鼠的睡眠时间，表明灵芝酸具有助睡眠的功能。另外，茯苓多糖具有一定的抗惊厥功效，能够与戊巴比妥钠协同延长模型小鼠的睡眠时间，起到催眠、镇静的作用。

4.2.2 不同食用菌的活性功效

4.2.2.1 蘑菇属

蘑菇属是最重要的栽培食用菌。双孢蘑菇在可食用的栽培蘑菇中处于领先地位，而巴西蘑菇因其药用特性而在世界各地种植。这些物种已被证明具有多种有价值的药用特性，包括抗肿瘤、抗微生物、免疫调节、抗炎症以及抗氧化活性。蘑菇属的活性功效归因于 β-葡聚糖（作为免疫调节剂）、酚类和萜烯类（氧化还原调节剂），它们都通过诱导或抑制促炎和抗炎细胞因子的产生来增强或减弱高等动物的免疫系统。在过去的几十年中，许多研究报道了巴西蘑菇多糖的细胞毒性和抗肿瘤特性，其主要通过免疫调节机制起作用，但也通过对肿瘤细胞的直接细胞毒性作用起作用。双孢蘑菇和巴西蘑菇是生物活性化合物的良好来源。这两个物种都具有抗氧化作用以及抗菌作用。

4.2.2.2 薄孔菌属

樟芝是寄生在我国台湾特有物种牛樟中的真菌，可用于治疗感冒、流感、头痛和发热等相关疾病，同时也用于肌腱和肌肉损伤、惊厥和其他疾病。目前从樟芝中分离并鉴定出 78 种化合物，它们中的大多数具有相似结构的三萜类化合物，具有羊毛甾烷或麦角甾烷骨架。此外，樟芝中还存在其他几种成分，如多糖、木脂素、甾醇和脂肪酸。通过体外和体内方法测试，樟芝的菌丝体和子实体显示出对不同的人癌细胞系具有抗增殖作用。对提取物的研究表明，它们可以通过在白血病 BALB/c 小鼠中显示抗白血病活性来促进免疫反应，并且可以在人肝癌细胞模型中激活巨噬细胞的免疫调节。樟芝提取物显示出体内抗乙型肝炎病毒活性，且呈剂量依赖性，对正常细胞无细胞毒性，因此提示该真菌是一种潜在的治疗乙型肝炎的药物。此外，有报道显示剂量为 10 mg/kg 的樟芝提取物对高血压大鼠具有显著的抗高血压作用。所有这些发现表明，经过临床前和临床研究的功效评价，樟芝具有被开发成功能性食品或保健品的潜力。

4.2.2.3　牛肝菌属

牛肝菌属由 100 多种真菌组成，几乎所有这些真菌都与树木共生，形成菌根帮助从土壤中吸收矿质营养。微量稀释法研究表明铜色牛肝菌甲醇提取物具有抗菌潜力。美味牛肝菌甲醇提取物和水提物同样具有良好的抗菌潜力，而羽扇牛肝菌提取物具有选择性抗菌活性，不具有抗真菌活性。Vamanu 等研究了美味牛肝菌提取物的抗氧化能力，发现不同提取物都展现出较强抗氧化能力，有一种多糖组分表现出更显著的还原力和螯合活性，对超氧自由基和羟自由基的抑制作用最高。

Feng 等人研究了从美味牛肝菌中分离的 3 种非异戊烯基倍半萜类化合物牛肝菌素 A～C 的体外细胞毒活性，牛肝菌素 A 对 5 种人癌细胞株表现出中等抑制活性，而牛肝菌素 B 和 C 对 IC_{50} 值大于 40 mol/L 的所有受试细胞株均无活性。Wang 等人从美味牛肝菌中纯化了一种多糖（BEP），研究表明 BEP 具有潜在的免疫调节活性，可用作肾癌的有效治疗剂。此外，有研究显示，美味牛肝菌的水提取物和甲醇提取物具有抗 1 型单纯疱疹病毒（HSV-1）的抗病毒特性。

4.2.2.4　虫草属

虫草属真菌是广泛应用于中药的昆虫病原真菌。Das 等人报道虫草属物种的不同成分具有抗氧化、延缓衰老、抗菌、免疫调节、抗炎和抗肿瘤

56

作用。从子实体中检测到的蛹虫草素是蛹虫草的主要成分，其结构为腺苷的衍生物，具有抗菌、杀虫和抗肿瘤的活性。从蛹虫草中分离出的其他产品包括多糖和麦角甾醇，它们具有抗氧化、抗炎、抗转移、抗肿瘤、免疫调节等生物活性。从蛹虫草子实体中提取的多糖在小鼠模型上具有免疫刺激和抑制黑色素瘤细胞生长的作用。Rao 等人证明蛹虫草不同提取物具有抗炎、抗增殖和抗血管生成活性。

蛹虫草中的另一种生物活性化合物虫草素对多种病原菌具抑制作用，而且还显示出对人乳腺癌细胞（MCF-7）的抗增殖活性。Reis 等人研究发现，蛹虫草中甘露醇和海藻糖等化合物显示出良好的利尿、抑制自由基活性和镇咳作用。对羟基苯甲酸是蛹虫草提取物中唯一的酚酸化合物，显示出抗氧化活性，可能是良好的自由基清除剂，对过氧基、羟基自由基、过氧亚硝酸盐和超氧阴离子具有清除作用。蛹虫草的脂肪酸中多不饱和脂肪酸占 68.87%，饱和脂肪酸占 23.40%，单不饱和脂肪酸占 7.73%，可以预防心血管疾病和降低血脂。

4.2.2.5 灵芝属

灵芝属由近 300 种真菌组成，主要生长在热带地区，是研究最多的高等真菌之一。在过去的十年里，有近 23 种灵芝属植物由于多种生物活性而被深入研究。

2010 年以来关于灵芝属生物活性代谢物化学特征的文献显示该属存在以下化合物：苯并吡喃-4-酮衍生物、苯并呋喃、生物碱、类固醇化合物、C15 倍半萜类、二萜类、C30 五环三萜类等，这些化合物显示出有效的生物活性。在关于灵芝的研究中，强调灵芝不同部分的多糖的作用已成为许多潜在生物活性研究的热点，包括抗氧化、抗肿瘤、抗菌（含体外和体内实验）作用。

关于天然来源的降血糖物质的研究中，灵芝中不止一种化合物具有抗糖尿病活性，包括多糖、蛋白聚糖、三萜等。此外，灵芝提取物能够调节免疫反应，这也被认为和其降血糖活性有关。此外，这些化合物对糖尿病的症状（视网膜病、肾病和神经性疾病）具有总体的积极改善作用。有研究发现灵芝可抗自身免疫性疾病如红斑狼疮，实验证明灵芝提取物在改善实验动物红斑狼疮的临床效果方面非常有效。

57

4.2.2.6 猴头菌属

猴头菇是猴头菌属的一个食用菌品种，本种经常在亚洲、欧洲和北美洲的活树干上结果，并且通常遍及北温带。在中国和日本，猴头菇因其药用价值而受到高度重视，猴头菇是一种珍贵的资源，具有胃保护活性、伤口愈合特性和不同的免疫调节活性。猴头菇的益处数百年前已为人所知，但许多研究始于 20 世纪 90 年代末至 21 世纪初。Khan 等人（2013）综述了猴头菇菌丝体提取物抗氧化活性的研究进展，猴头菇菌丝体提取物富含酚类物质，具有抗氧化能力。新鲜子实体提取物也表现出较强的 DPPH 自由基清除活性，而烘干子实体提取物在降低 β-胡萝卜素漂白程度方面表现优异。最近的一项研究表明，猴头菇多糖对实验动物缺血再灌注诱导的肾氧化损伤显示出显著的抗氧化活性。

猴头菇菌丝体不同提取物的抗癌潜力也在动物实验中得到证实。菌丝体的热水提取物主要由多糖组成，具有抗肝癌活性。菌丝体甲醇提取物对四氯化碳诱导的肝损伤有保护作用。热水和 50%乙醇提取物通过每天向小鼠腹腔内注射显著抑制由结肠癌细胞株 CT-26 诱导的肿瘤生长。

4.2.2.7 硫黄菌属

硫黄菌属新鲜的子实体有一种令人愉快的气味，被用作烹饪食材。朱红硫黄菌各种提取物被证明具有很强的抗氧化、抗微生物、乙酰胆碱酯酶抑制活性以及降血糖作用。有研究表明，口服从硫黄菌菌丝体中提取的多糖可显著降低实验动物的血糖水平，作用机制可能包括增强胰岛素分泌活性、减轻氧化应激和保护 β 细胞完整性。在 Olennikov 等人（2011）的一项研究中指出，硫黄菌的抗氧化活性及其他潜在的健康益处可能归因于酚类化合物，包括分离得到的香豆酸、槲皮素、山奈酚、咖啡酸、儿茶素、没食子酸和 5-咖啡酰奎尼酸等。这些化合物都表现出不同程度的抗氧化活性。

朱红硫黄菌的不同极性提取物具有较好的抗菌活性，除了酚类化合物之外，其他化合物也可能具有这种活性。研究结果表明，提取方法和溶剂类型对脂肪酸组成有影响，与氯仿提取物相比，己烷提取物具有更好的抗真菌活性和稍好的抗菌活性。

4.2.2.8 香菇属

香菇是世界第二大栽培食用菌。由于其长期的医学应用历史，特别是

58

在东方医学传统中，被称为"药用蘑菇"。香菇是研究最多的食用菌之一，多种有效成分显示出药用价值，包括多糖、萜类、甾醇等。很多研究已经证明了香菇子实体和菌丝体的水提取物、渗出物和多糖粗提物具抗氧化特性。香菇提取物对细菌、真菌和病毒都有抵抗作用，特别是对变异链球菌具有很强的杀菌作用。

同时，有文献报道从香菇菌丝体中提取的分级提取物在体内显示出很强的抗肿瘤活性。这些提取物含有多种糖类，可激活巨噬细胞T淋巴细胞和其他免疫细胞，进而调节细胞因子的释放。香菇多糖在临床试验中用作肿瘤治疗的佐剂，特别是在放疗和化疗中。Yamaguchi等人（2011）认为香菇菌丝体提取物与化疗有协同作用，并有可能改善患者的生活质量。另一种来源于香菇提取物的化合物，即活性己糖相关化合物（AHCC），也被证明对癌症患者的辅助治疗有效。Ina等人（2013）的一项临床研究表明，与单独化疗相比，使用香菇多糖的化学免疫疗法延长了晚期胃癌患者的生存期。研究人员通过使用β-葡聚糖将含有化疗药物的纳米颗粒递送到结肠癌部位，证明了香菇多糖在治疗晚期结直肠癌中的功效，从而提高了治疗功效，在晚期胰腺癌中也可以看到良好的结果。

4.2.2.9 桑黄属

桑黄属是担子菌门中数量最多的种类之一，由大约220种真菌组成。仅在中国，桑黄属就有近70种真菌，其中26种具有药用价值。桑黄菌的活性作用包括控制心血管疾病、抗菌、抗炎、抗氧化、抗肿瘤、止血、免疫增强等。尽管其中许多化合物的化学组成已经明确，但目前很难确定它们在活生物体中的作用机制，因为大多数研究是基于体外条件下的结果。

桑黄的菌丝体水提物显示出对实验动物中出现的特应性皮炎的活性，该提取物减少了免疫球蛋白E（IgE）的产生，并缓解了特应性皮炎的持续症状，包括红斑和耳朵肿胀。桑黄的两种多糖化合物（分子质量分别为22 kDa和38 kDa）具有清除自由基和螯合亚铁离子的作用，并能降低铁离子的活性，是很有前途的天然抗氧化物质。在由Kim等人进行的研究中，发现桑黄多糖能有效延缓实验动物诱发糖尿病的进展，该作用是通过细胞因子网络的变化来实现的。实际上，桑黄的各种提取物具有独特的生物活性和潜在的健康益处，包括对良性前列腺增生抑制的活性、β-葡萄糖苷酶抑制活性、抗病毒、抗氧化活性、抗肿瘤活性（对结肠癌细胞系 HCT-116 和 SW-480）、免疫调节活性和其他活性。

4.2.2.10　栓菌属

栓菌属研究最多的物种是云芝，但最近的研究包括该属的其他物种。云芝被认为在组织愈合、改善器官功能、增加能量等许多方面是有用的，在已证实的生物活性中，最常提到的是抗氧化、抗菌和抗炎活性。云芝的丙酮提取物显示出非常高的抗氧化能力，其次是甲醇提取物、正己烷提取物和氯仿提取物，丙酮提取物也显示出脂肪氧合酶抑制活性。

云芝担子果和菌丝体提取物是酚类和黄酮类物质最丰富的来源，与抗氧化活性相关。此外，云芝提取物对产气肠杆菌、铜绿假单胞菌和金黄色葡萄球菌具有抑制作用，甲醇提取物活性最敏感的细菌是金黄色葡萄球菌，而黄曲霉是最敏感的真菌，两者均显示剂量依赖性抗菌活性。Zhao 等采用 MTT 法证明云芝多糖对 U-2 OS 细胞的增殖有抑制作用，对凋亡有诱导作用，以剂量依赖的方式引起细胞的形态学变化。

Edible Mushrooms

第 5 章

食用菌风味物质的分析方法

5.1　食用菌香气物质的分析方法

5.1.1　食用菌主要呈香物质

食用菌独特的香气不仅可以增加人的愉悦感，引起人们的食欲，还可以刺激消化液的分泌，促进人体对营养成分的消化吸收。这些挥发性风味物质对食用菌风味的贡献主要取决于其含量和阈值的大小。

研究分析食用菌挥发性风味物质的组成和含量有助于深入了解其风味特征，对品种的改良、定向培育及食用菌的加工应用具有指导作用和实践意义。不同食用菌呈现不同风味，与其中的挥发性成分密切相关。食用菌的挥发性组分种类繁多，主要包括八碳化合物及其衍生物、含硫化合物、萜烯类、醛类、酸类、酮类、酯类等，其中以八碳化合物和含硫化合物为主，其他物质与它们共同作用，形成食用菌特有的香气。

（1）八碳化合物　八碳化合物是食用菌最重要的风味物质，是亚油酸在脂肪氧化酶催化下转变而成的，主要包括 1-辛烯-3-醇（图 5-1）、1-辛烯-4-醇、3-辛烯-2-醇等，具有浓烈的蘑菇风味。而最具特征的八碳化合物是 1-辛烯-3-醇，它有 2 个旋光活性的异构体，（−）和（＋）两种构型，（−）构型有一种强烈的风味，被认为是自然界内蕈菌的主要挥发性物质。

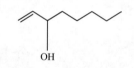

图 5-1　1-辛烯-3-醇结构式

以 1-辛烯-3-醇为例，1938 年 Murahashi 首次在松茸中发现 1-辛烯-3-醇，将其命名为松茸醇。松茸醇有浓烈的蘑菇味、泥土味和甜味，其左旋结构比右旋结构的风味更强，阈值很低，为 0.1 mg/L。不同品种、不同生长部位以及不同培养基质培养的食用菌，其香味成分存在差异，但几乎所有的食用菌都含有 1-辛烯-3-醇，且含量颇为丰富，如双孢蘑菇中其含量占总挥发性化合物的 78%，鸡油菌中占 66%，红乳菇中占 72%。然而 1-辛烯-3-醇的稳定性差，各种干制方法（包括自然干燥、冷冻干燥、喷雾干燥和流化床干燥）对它的破坏力很大，在一定程度上都会影响其稳定性。美国食品药品监督管理局已经将 1-辛烯-3-醇纳入食品添加剂，国际食品法典委员

会也将其列为增香剂。

（2）**含硫化合物**　含硫化合物是食用菌香气的重要来源，通常能影响菇类的整体气味。含硫化合物中以含硫杂环化合物最为重要，主要包括1,2,3,5,6-五硫杂环庚烷（即所谓的香菇精）和1,2,4-三硫杂环戊烷等，它们是由前体物质香菇酸在谷氨酰转肽酶的作用下产生的硫杂环丙烷中间体聚合而成的。1,2,3,5,6-五硫杂环庚烷在植物油中阈值为 12.5～25 mg/L，而在水中的阈值为 0.27～0.53 mg/L。

（3）**醛类**　醛类是食用菌挥发性物质中比较丰富的一类化合物。醛类化合物气味阈值低，在脂质氧化中生成速率很快，而且与其他的化合物重叠效应很强。简单的醛类是由亚油酸酯和亚麻酸酯的氢过氧化物降解产生。不饱和脂肪酸氧化作用也会产生一些醛类物质，如辛醛等。一般碳数较高的醛类化合物有柑橘皮的香味，而令人不舒服的刺激性气味通常是由短链的饱和醛类产生的，油腻的气味是由中等碳链的醛类化合物产生。

（4）**酚类**　简单酚类物质产生的两种主要途径为酚羧酸的脱酸作用和木质素的降解。酚类化合物具有特殊的芳香气味，木香以及焦香的形成与酚类物质有关。鉴定出的酚类物质中 2,6-二叔丁基对甲酚的含量较高。

（5）**酮类**　不饱和脂肪酸进行氧化作用以及一系列的降解作用是酮类化合物的主要来源。氨基酸降解也会产生一些酮类。酮类化合物贡献的气味主要有花香和果香，如丙酮能产生类似薄荷的香气，2-十一酮具有柠檬风味，2-辛酮带有杏、梅、李香味，烯酮类化合物有类似玫瑰叶的香味。

（6）**烃类**　烃类物质的含量较高，但因为其风味阈值比较高，通常对食用菌整体的香味影响不大。一些芳香烃通常具有自己独特的香味，例如邻二甲苯，具有甜味和水果的香味，其风味阈值较低，对食用菌气味有重要影响。

5.1.2　香气成分的提取和分析

5.1.2.1　香气成分的提取

食品中的香气成分含量一般较低，因此挥发性风味物质的有效提取是分析的关键步骤之一。目前广泛应用的食品风味物质提取方法主要有：溶剂萃取（solvent extraction, SE），水蒸气蒸馏（steam distillation, SD），同时

63

蒸馏萃取（simultaneous distillation and extraction, SDE），溶剂辅助风味蒸发（solvent-assisted flavor evaporation, SAFE），超临界流体萃取（supercritical fluid extraction, SFE）和固相微萃取（solid-phase microextraction, SPME）。各个方法都有一定优势和缺陷，要根据研究对象的不同进行合理选择。

（1）**溶剂萃取** 分离香味物质的一个最简单有效的方法是直接采用溶剂萃取。溶剂萃取是利用"相似相溶"原理，根据挥发性物质在萃取溶剂相和待测样品中的分配系数不同，选择沸点较低的有机溶剂对样品进行连续萃取的过程。

溶剂萃取法通常非常简单，只要将食品样品放入分液漏斗，再加入溶剂，充分振荡后静置。将从分液漏斗中收集到的溶液用无水盐脱水干燥，浓缩后用于气相色谱分析。常用的有机溶剂有二氯甲烷、乙醚、正己烷、戊烷等。

该方法装置简单，操作方便，具有提取效率高、易分离、容量大的特点。使用不同极性的萃取溶剂，可以有选择性地提取不同的挥发性风味物质。

（2）**水蒸气蒸馏** 水蒸气蒸馏是将水蒸气通入不溶于水的有机物中或使有机物与水经过共沸而蒸出的操作过程，是用来分离和提纯与水不相溶的挥发性有机物的一种方法。图5-2所示为水蒸气蒸馏装置。

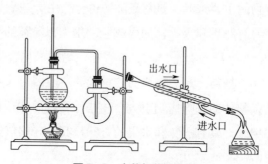

出水口

进水口

图5-2　水蒸气蒸馏装置

水蒸气蒸馏法常用于以下几种情况：①反应混合物中含有大量树脂状杂质或不挥发性杂质；②要求除去易挥发的有机物；③从固体多的反应混合物中分离被吸附的液体产物；④某些有机物在达到沸点时容易被破坏，采用水蒸气蒸馏可在100℃下蒸出。

若使用这种方法，被提纯化合物应具备以下条件：①不溶或难溶于水，

现代食用菌深加工

如溶于水则蒸气压显著下降；②在沸腾状态下与水不发生化学反应；③在100℃左右，该化合物应具有一定的蒸气压（一般不小1.333 kPa）。

水蒸气蒸馏法设备简单、成本低、容易操作、产量大，是一种常用的提取植物性天然物质的技术。但这种方法的缺点是提取过程时间比较长、温度高、系统开放，易造成热不稳定，易氧化成分被破坏及挥发损失。

（3）同时蒸馏萃取法 同时蒸馏萃取法是将样品的水蒸气蒸馏与馏分的溶剂萃取两步过程合二为一的提取方法。

其工作原理是将含有样品组分的水蒸气和萃取溶剂蒸气在装置中充分混合，冷凝后两相充分接触实现组分的相转移，且在反复循环中实现高效的萃取。其基本装置见图5-3。

萃取瓶 1 盛放样品和水，萃取瓶 2 盛放萃取溶剂。同时加热萃取瓶 1 和 2 至合适温度，使瓶内液体沸腾产生蒸气。夹带着组分的水蒸气和萃取溶剂的蒸气分别沿导管 3 和 4 上升并进入冷凝器 5 的上部，两股蒸气充分混合后在冷凝管表面逐渐被冷凝，同时形成相互充分接触的液膜。于是，在沿冷凝管下流的过程中，冷凝水相中的组分连续不断被冷凝的有机溶剂萃

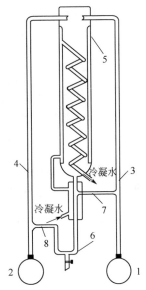

图 5-3　同时蒸馏萃取的基本装置

1,2—萃取瓶；3,4—蒸气导管；
5—冷凝管；6—U 形相分离器；
7,8—回流支管

取，最后流入冷凝管下方的 U 形相分离器 6 中，两相分层。经过一段时间同时蒸馏萃取，U 形相分离器中的溶液逐渐积累到一定程度，经回流支管 7 和 8 自动回流到各自的烧瓶中。如此循环蒸馏、萃取，试样中的挥发性、半挥发性组分逐步经水相转移入有机溶剂中。可见，SDE 将水蒸气蒸馏与溶剂萃取合二为一，通过连续的蒸馏、萃取过程，达到了提取、分离和浓缩易挥发性组分的目的。

SDE 的萃取效率除了跟萃取时间有关外，还与组分在水中和萃取溶剂中的挥发性、分配系数以及蒸馏速率有关。

此方法具有设备简单、操作方便、费用低的特点。不仅能使挥发性物

质在其沸点以下的温度蒸馏出来，而且还能和不挥发的杂质完全分离，适合工业化生产需要。但是长时间的高温萃取会产生衍生物，影响分析结果的准确性。

（4）溶剂辅助风味蒸发　溶剂辅助风味蒸发是一种从复杂食品基质中温和全面地提取挥发性物质的方法。SAFE 系统是蒸馏装置和高真空泵的结合。提取过程中，样品中的热敏性物质损失少，萃取物具有样品原有的自然风味，特别适合于复杂天然食品中挥发性化合物的分离分析。其装置示意图如图 5-4 所示。

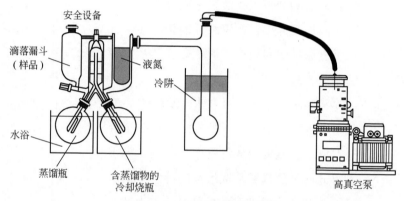

图 5-4　SAFE 装置示意图

举例：应用溶剂辅助风味蒸发提取草菇中的挥发性风味物质的步骤如下。

① 将新鲜的草菇先用液氮冷冻，然后研磨成粉末。

② 100.0 g 草菇粉末中加入 200.0 g 去离子水，加入 10.0 g 氯化钠，然后使用回流装置在 70℃的水浴中加热 1 h。

③ 冷却并过滤后，将 SAFE 装置置于 5×10^{-3} Pa 压力下，40℃下萃取 2 h。

④ 立即用相同体积的蒸馏二氯甲烷萃取馏出物两次，并用无水硫酸钠干燥。

⑤ 将提取物过滤并使用旋转蒸发仪浓缩至 5 mL，并使用氮吹进一步浓缩至 1 mL。

⑥ 将最终提取物储存在 -20℃直至应用 GC-MS 和 GC-O 进一步分析。

（5）超临界流体萃取　超临界流体萃取技术是 20 世纪 70 年代发展起来的一种分离技术，它利用压力和温度对超临界 CO_2 流体溶解能力的影响

进行物质分离。超临界流体萃取一般采用 CO_2 作为萃取剂。

其基本原理是：当 CO_2 超过其临界点（31.05℃，7.38 MPa）时，就会成为同时具有气体和液体属性的超临界流体。黏度近似气体而密度与液体相仿，具有优异的扩散性质，可通过分子间的相互作用和扩散作用溶解大量物质。不同物质在 CO_2 中的溶解度不同或同一物质在不同的压力和温度下溶解状况不同，因此这种提取分离过程具有较高的选择性。萃取完成后，通过减压或改变温度，CO_2 重新变成气体，剩下的馏分便是所需的组分，萃取与分离合二为一。超临界 CO_2 萃取的影响因素主要有物料粒度、萃取参数、分离条件等。

该方法的优点是提取过程可以在接近室温下进行，有效地防止了热敏性物质的氧化和逸散，能有效地保持食品中多种风味成分，而且能把高沸点、低挥发性、易热解的物质在远低于其沸点温度下萃取出来。该方法不用其他有机溶剂，无溶剂残留，保证了提取产品的纯天然性。而且该方法提取时间短，效率高，操作易控制。另外，CO_2 流体可重复多次使用，不仅提取效率高，且能耗低，降低成本。但是该技术最大的问题是萃取物在输送过程中易堵塞通路，极性物质收集较少，可采用修饰剂如乙醇或甲醇来克服。

举例：使用超临界 CO_2 萃取鸡腿菇中的挥发性风味成分。

选用新鲜、无损伤的鸡腿菇，处理前先用蒸馏水对原料进行清洗，切片。经冷冻干燥后于密封袋中 4℃保存，粉碎，过 60 目筛备用。本实验利用正交实验法优化萃取参数与分离条件。将正交试验的因素确定为萃取压力（15 MPa、20 MPa、25 MPa）、萃取温度（35℃、45℃、55℃）、分离压力（8 MPa、10 MPa、12 MPa）和分离温度（20℃、25℃、30℃），进行 $L_9(3^4)$ 试验。称取鸡腿菇粉碎物 100 g，放入超临界 CO_2 萃取釜中，萃取釜和分离釜的温度及压力依据每次萃取要求设定，萃取 1 h。

经实验可知，超临界 CO_2 萃取鸡腿菇挥发性风味成分的最佳工艺参数为萃取压力 20 MPa，萃取温度 55℃，分离压力 8 MPa，分离温度 25℃，萃取 1 h 后萃取率为 2.30%。利用 GC-MS 分析鸡腿菇的超临界萃取物，鉴定出包括酸类、酯类、醛类、酮类、喹啉类共 25 种物质，相对含量较高的是亚油酸（52.67%）、硬脂酸（27.77%）和棕榈酸（13.66%）。

（6）**固相微萃取法**　固相微萃取集样品采集、目标物萃取、样品浓缩和进样等过程于一身，能够简便和快速地检测待检物，适用于萃取含量低的挥发性、半挥发性物质。整个检测过程不需要任何溶剂，具有良好的选择性和高的灵敏度。该方法操作简单，费用低廉，能较准确地反应样品的风味组成；且样品前处理时间短，安全性更高。

固相微萃取基本原理：这种技术中惰性纤维外涂着一层吸附剂（有多种选择）。将涂有吸附剂的纤维置于样品顶空（液体样品可直接放入其中），然后再对已经饱和的纤维加热，使挥发性成分解，吸到气相色谱中，最后对这些释放出来的挥发性物质进行分析，分析装置见图5-5。涂膜纤维是一个改进过的注射器，它的针可以收进一个外层护鞘中，这种可以回收的特性能使其免遭物理破坏和污染。固相微萃取是根据平衡原理，得到的挥发物组成与样品的组成极其相关，需要严格控制取样的参数。

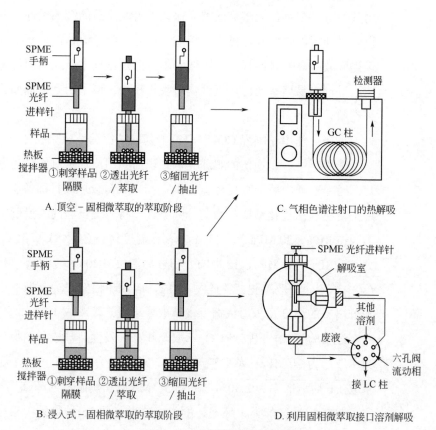

图5-5　固相微萃取分析装置

固相微萃取包括吸附和解吸两步。吸附过程中待测物在样品及石英纤维萃取头外涂渍的固定液膜中平衡分配，遵循相似相溶原理。这一步是物理吸附过程，可快速达到平衡。如果使用液态聚合物涂层，当单组分单相体系达到平衡时，涂层上吸附的待测物的量与样品中待测物浓度线性相关。解吸过程随后续化合物分离手段的不同而不同。对于气相色谱，萃取纤维插入进样口后进行热解吸，而对于液相色谱，则是利用溶剂进行洗脱。

固相微萃取可分为直接固相微萃取（direct-SPME）和顶空固相微萃取（head space-SPME, HS-SPME）两种。直接固相微萃取是将涂有高分子固相液膜的石英纤维直接伸入样品基质中进行萃取，经过一定时间后达到分配平衡，即可进行色谱分析。而顶空固相微萃取则是将石英纤维放在样品溶液上方进行顶空萃取，避免了基质的干扰，因此顶空固相微萃取适合于任何基质。

固相微萃取由手柄和萃取头两部分构成，似一支色谱注射器。萃取头是一根涂有不同色谱固定相或吸附剂的熔融石英纤维，接不锈钢丝，外套细的不锈钢针管（进样及保护石英纤维不被折断），纤维头可在针管内伸缩。手柄用于安装萃取头，可永久使用（图5-6）。

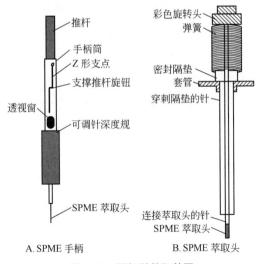

A. SPME 手柄　　　　　　　　B. SPME 萃取头

图5-6　固相微萃取装置

固相微萃取法样品萃取步骤：①将固相微萃取针管穿透样品瓶隔垫，插入瓶中；②推手柄杆使纤维头伸出针管，纤维头可以浸入水溶液中（浸入方式）或置于样品上部空间（顶空方式），萃取时间为 2～30 min；③缩回纤维头，然后将针管取出样品瓶。

气相色谱分析：①将固相微萃取针管插入气相色谱仪进样口；②推手柄杆，伸出纤维头，热脱附样品进色谱柱；③缩回纤维头，移去针管。

高效液相色谱分析：①将固相微萃取针管插入 SPME/HPLC 接口解吸池，进样阀置于"Load"位置；②推手柄杆，伸出纤维头，关闭阀密封夹；③将阀置于"Inject"位置，流动相通过解吸池洗脱样品进样；④阀重新置于"Load"位置，缩回纤维头，移走 SPME 针管。

影响固相微萃取效果的因素很多，主要有萃取头类型、萃取温度、萃取时间等。只有在较佳的萃取条件下，才能获得较好的分析结果。萃取头是整个 SPME 技术的核心，不同的萃取头对物质的萃取吸附能力是不同的，决定萃取头性质的关键技术就是萃取头的纤维涂层，涂层的性质决定了该方法的应用范围和分析中能检测到的浓度范围。目前常见的涂层有聚丙烯酸酯（PA）、聚二甲基硅氧烷（PDMS）、聚乙二醇-二乙烯基苯（CW-DVB）、聚二甲基硅氧烷-二乙烯基苯（PDMS-DVB）和聚乙二醇-模板树脂（CW-TPR）等。

顶空固相微萃取是一种集萃取浓缩为一体的分离技术，该技术所需样品量少，样品前处理简单，与气相色谱-质谱联用（GC-MS）结合，可对样品中挥发性风味成分进行定性和定量分析。目前，该方法已广泛应用于食用菌的挥发性成分分析。

举例：采用顶空固相微萃取结合气相色谱-质谱联用（HS-SPME-GC-MS）法对平菇、香菇、双孢蘑菇、金针菇和杏鲍菇 5 种食用菌的挥发性成分进行分析。

样品处理步骤：①称取 10.00 g 切碎的新鲜样品于 40 mL 采样瓶中；②加入 3.00 g NaCl 和 20.0 mL 蒸馏水混匀，盖紧瓶盖；③置于 60℃磁力搅拌器中平衡 10 min；④插入萃取头顶空吸附 35 min，完成后立即收回萃取头，并插入 GC-MS 进样口，在 250℃条件下解吸 5 min。其实验结果如图 5-7 所示。

从图 5-7 可知，平菇、香菇和双孢蘑菇中被鉴定的挥发性成分总相对含量超过 75%，而杏鲍菇和金针菇中只有 63.97%和 61.61%。在这些被鉴定的化合物中，酮类是平菇、香菇、双孢蘑菇和金针菇中相对含量最高的

70

挥发性成分，其在平菇中相对含量达到44.67%，在双孢蘑菇和金针菇中相对含量也都超过40%。杏鲍菇中酮类物质含量较少（6.51%），但是醇类物质相对含量最高（51.64%）；而平菇和香菇中醇类物质相对含量也较高，都超过20%。此外，双孢蘑菇中还含有较多烷烃类物质（23.85%）和醛类物质（13.79%）。香菇中杂环和硫化物相对含量也较高（23.98%）。香菇中未检测到烷烃类和酯类，双孢蘑菇中未检测到杂环和硫化物，金针菇和杏鲍菇中都未检测到酯类物质。

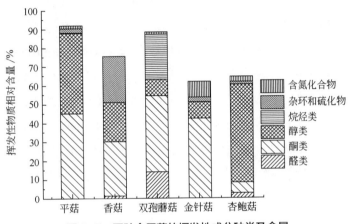

图 5-7　五种食用菌的挥发性成分种类及含量

5.1.2.2　香气成分的分析

（1）**气相色谱法（gas chromatography, GC）**　气相色谱法是分析挥发性风味物质的常用方法，它具有灵敏度高、分离效果好和定量准确的特点，被广泛用于香料中风味物质的研究。

气相色谱法原理：气相色谱系统由盛在管柱内的吸附剂或惰性固体上涂着液体的固定相和不断通过管柱的气体的流动相组成。将欲分离、分析的样品从管柱一端加入后，由于固定相对样品中各组分吸附或溶解能力不同，即各组分在固定相和流动相之间的分配系数有差别。当组分在两相中反复多次进行分配并随移动相向前移动时，各组分沿管柱运动的速度不同，分配系数小的组分被固定相滞留的时间短，能较快地从色谱柱末端流出。以各组分从柱末端流出的浓度 c 对进样后的时间 t 作图，得到的图称为色谱图。

在食品风味物质研究的领域中毛细管气相色谱用得最多。毛细管柱内不装填料，空心柱阻力小，长度可达百米。将固定液直接涂在管壁上，总的柱内壁面积较大，涂层可以很薄，则组分在气相和液相相间的传质阻力降低，这些因素使得毛细管柱的柱效比填充柱有了很大的提高，分离效率高比填充柱高10～100倍，分析速度快，色谱峰窄，峰形对称。

全二维气相色谱是用一个调制器把不同固定相的两根柱子串联起来，两个柱子的操作温度不同，通过控制两个柱子的温差可以使待测物质的出峰时间和顺序发生变化，从而使分离不理想的风味化合物能够分离检出。与一维气相色谱相比，全二维气相色谱具有分辨率高、灵敏度高、定性准确、分析时间短等优点，因此全二维气相色谱得到更广泛的应用。

（2）气相色谱-质谱联用法（gas chromatograph-mass spectrometer, GC-MS） 该法将气相色谱仪作为质谱仪的进样系统，首先气体混合物在气相色谱中分离，然后以纯物质进入到质谱检测器中，对色谱流出物进行定性定量。质谱分析的基本原理如图5-8所示。它使所研究的混合物或单体形成离子，然后使形成的离子按质荷比（m/z）进行分离。质谱的高灵敏度（10～100 pg）及其与气相色谱的良好兼容性使得气质联用非常有价值。气相色谱-质谱联用是食用菌香气成分分析鉴定最常用的方法，该方法兼具两种优点：色谱的高分离效率和定量准确；以及质谱的高选择性和强鉴别能力，可以提供丰富的结构信息便于定性。该方法同时具有灵敏度高、分析速度快、所需样品少等特点。

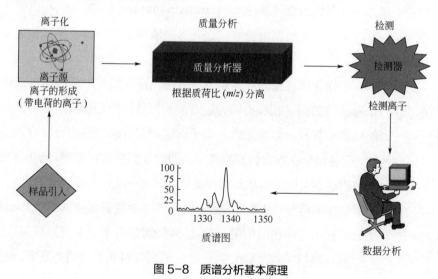

图5-8　质谱分析基本原理

（3）气相色谱–嗅闻技术（GC–O） GC-O 最早由 Fullerl 于 1964 年提出，是将气味检测仪同分离挥发性物质的气相色谱仪相结合的技术。

其工作原理是在气相色谱柱末端安装分流口，GC 毛细管柱分离出的流出物按照一定的分流比，一部分进入仪器检测器（通常为氢火焰离子检测器和质谱），另一部分通过传输线进入嗅闻端口让人鼻（即感官检测器）进行感官评定。它结合不同的分析方法（如频率检测法、香气提取物稀释分析、气味具体量值估计法等）可以指出食品大量挥发性成分中真正具有气味活性的成分和各气味成分在不同浓度下对整体气味的贡献大小，这些都是用仪器检测难以达到的，因此 GC-O 法是一种有效的风味化合物检测技术。

GC-O 与 GC-MS 相比，虽然 GC-MS 是目前香味成分分析最常用的方法，但由于食品中产生的大量挥发性化合物中，只有一小部分的挥发物具有香味活性，且它们的含量和阈值都很低。对于静态顶空分析而言，其顶空的挥发物浓度 $\geqslant 10^{-5}\,\text{g/L}$ 时才能被质谱检测到，也就是说质谱只能检测出含量相对多的挥发性物质。而且，GC-MS 是一种间接的测量方法，无法确定单个的香味活体物质对整体风味贡献的大小。而 GC-O 却能解决上述问题，它将气相色谱的分离能力和人鼻子敏感的嗅觉联系起来，从而从某一食品基质所有的挥发性化合物中区分出关键风味物质。

GC-O 在风味强度评价方面具有仪器无法相比的优越性，但是 GC-O 感官审评量化结果的重复性、稳定性、灵敏性仍有待进一步优化。目前，已出现了 GC×GC-O/MS 技术，可使各香气成分得到更好的分离，获得更为可靠、丰富的信息，它在气味活性分析中必将发挥更大的作用，应用范围也将更加广泛。

（4）气相色谱–离子迁移色谱法（gas chromatography–ion mobility spectrometry, GC–IMS） GC-IMS 的基本结构如图 5-9 所示，复杂混合物经过 GC 分离以单个组分的形式进入到 IMS 反应区与电离区电离产生的试剂离子反应形成产物离子，产物离子在离子门脉冲作用下进入迁移区进行二维分离，分离后离子最终到达法拉第收集器被检测。

气相色谱用于化合物的检测最突出的特点是分离效率高，几乎能对所有化合物质进行分析。但常规气相色谱的分析时间一般在分钟以上量级，

73

不能满足现场分析的需要，因此需要对能够实现现场快速分离的快速气相色谱进行研究；其次 GC 的保留时间会随着固定相的使用时间等因素而变化，可重复性较差，仅依据保留值，难以对复杂未知物进行定性分析。而 IMS 的离子迁移率只与物质本身有关，是绝对的，定性分析准确。气相色谱与离子迁移谱的联用技术（GC-IMS）利用色谱突出的分离特点，对混合物进行预先分离，使混合物成为单一组分后再进入 IMS 检测器进行检测，这种联用技术大大提高了混合物检测准确度。

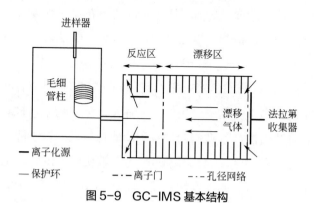

图 5-9　GC-IMS 基本结构

举例：香菇挥发性风味成分的气相色谱-离子迁移谱分析。

样品处理步骤：香菇子实体采集后 60℃烘箱烘干，使用自封袋收集后置于玻璃干燥器中保存待用。将烘干后的香菇子实体经电动研磨超细粉碎，取 1 g 样品粉末于 20 mL 顶空进样瓶中，使用 Flavour Spec 气相离子迁移谱仪进行检测。

GC-IMS 检测参数：振荡器温度为 60℃，振荡速度 500 r/min（5s ON/2s OFF），振荡 10 min，进样温度为 65℃，进样量 500 μL，注入速度 100 μL/s，载气为高纯氮气（≥99.999%），色谱柱温度 40℃，色谱工作时间 21 min。

实验结果：从图 5-10 可以看出，反应离子峰（reaction ion peak, RIP）右侧的每一个点代表一种挥发性有机物。颜色代表物质的浓度，白色表示含量较低，颜色越深表示含量越高。整个谱图代表了样品的全部顶空成分，从图中可以看出香菇挥发性组分可以通过 GC-IMS 技术很好地分离，并且可直观看出样品间的差异。

现代食用菌深加工

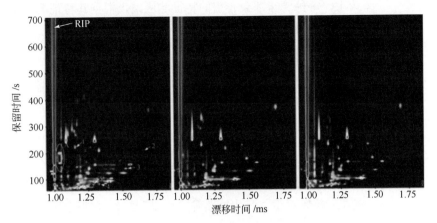

图5-10　3个香菇样品的气相离子迁移

（5）**电子鼻法**　电子鼻也称人工嗅觉系统，是模仿生物鼻的一种电子系统，主要根据气味来识别物质的类别和成分。电子鼻一般由气敏传感器阵列、信号处理子系统和模式识别子系统三大部分组成。图5-11为PEN3电子鼻示意图。

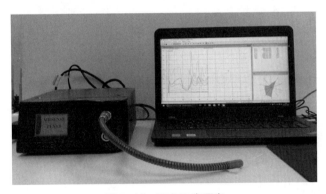

图5-11　PEN3电子鼻

其工作原理是当某种气味呈现在一种活性材料的传感器面前时，传感器将化学输入转换成电信号，由多个传感器对一种气味的响应便构成了传感器阵列对该气味的响应谱。显然，气味中的各种化学成分均会与敏感材料发生作用，所以这种响应谱为该气味的广谱响应谱。为实现对气味的定性或定量分析，必须将传感器的信号进行适当的预处理（消除噪声、特征提取、信号放大等）后，采用合适的模式识别分析方法对其进行处理。理论上，每种气味都会有它的特征响应谱，根据其特征响应谱可区分不同的气味。同时还可利用气敏传感器构成阵列对多种气体的交叉敏感性进行测量，通过适当的分析方法，实现混合气味的分析。

电子鼻的工作可简单归纳为：传感器阵列-信号预处理-神经网络和各种算法-计算机识别（气体定性定量分析）。从功能上讲，气体传感器阵列相当于生物嗅觉系统中的大量嗅感受器细胞，神经网络和计算机识别相当于生物的大脑，其余部分则相当于嗅神经信号传递系统。

电子鼻技术响应时间短、检测速度快，不像其他仪器，如气相色谱传感器、高效液相色谱传感器等需要复杂的预处理过程；其测定评估范围广，可以检测各种不同种类的食品，并且能避免人为误差，重复性好；能检测一些人鼻不能够检测的气体，如毒气或一些刺激性气体。它在许多领域尤其是食品行业发挥着越来越重要的作用。随着生物芯片、生物技术的发展和集成化技术的提高及一些纳米材料的应用，电子鼻在食用菌香气分析领域会有广阔的应用前景。

5.2 食用菌呈味物质的分析方法

5.2.1 食用菌主要呈味物质

食用菌中的呈味物质主要包括游离氨基酸、核苷酸、可溶性糖和有机酸等。其中，游离氨基酸是一类重要的呈味物质，根据其呈味特性可分为四类：鲜味氨基酸、甜味氨基酸、苦味氨基酸和无味氨基酸。氨基酸的呈味特性见表 5-1。

❋ 表 5-1　氨基酸的呈味特性

游离氨基酸	呈味特性	呈味阈值/（mg/mL）
天冬氨酸	鲜味	1
谷氨酸	鲜味	0.3
天冬酰胺	无味	无
丝氨酸	甜味	1.5
谷氨酰胺	无味	无

现代食用菌深加工

游离氨基酸	呈味特性	呈味阈值/（mg/mL）
组氨酸	苦味	0.2
甘氨酸	甜味	1.3
苏氨酸	甜味	2.6
丙氨酸	甜味	0.6
精氨酸	苦味	0.5
酪氨酸	苦味	无
缬氨酸	苦味	0.4
甲硫氨酸	苦味	0.3
色氨酸	苦味	无
苯丙氨酸	苦味	0.9
异亮氨酸	苦味	0.9
亮氨酸	苦味	1.9
赖氨酸	甜味/苦味	0.5
脯氨酸	甜味/苦味	3

食用菌中游离氨基酸含量较多，占总氨基酸的 25%~35%，对食用菌特有风味的形成有重要作用。例如谷氨酸是食用菌中主要氨基酸，在 Na^+ 存在下，可生成谷氨酸钠（MSG，味精主要成分），形成浓厚的鲜味；天冬氨酸含量次之，也会增强食用菌的鲜味特性。丙氨酸能够改善甜感，增强醇厚度，缓和苦涩味等。不同食用菌中氨基酸的组成和含量大不相同，构成了其独特的风味特性。

同时，食用菌中还存在某些稀有氨基酸，会增强食用菌的鲜味。如口蘑、橙盖鹅膏菌等食用菌中还含有口蘑氨酸和鹅膏蕈氨酸；羊肚菌属的食用菌含有顺-3-氨基-L-脯氨酸、α-氨基异丁酸和 2,4-二氨基异丁酸，这些氨基酸使羊肚菌产生特殊风味。

核酸是重要的生物大分子，在特定生物酶的作用下，水解生成游离核苷酸，其中 5'-核苷酸具有较强呈味特性被称为呈味核苷酸，结构式见图 5-12。5'-鸟苷酸（GMP）、5'-肌苷酸（IMP）、5'-黄苷酸（XMP）和 5'-腺苷酸（AMP）为呈鲜味核苷酸，且前两者的鲜味特性较强。5'-尿苷酸（UMP）、5'-胞苷酸（CMP）虽然呈味特性较弱，仍可赋予食物特殊风味。部分核苷酸的代谢物如肌苷和次黄嘌呤等，也具有呈味特性。食用菌中有大量呈味核苷酸，如 GMP、IMP、AMP 等。GMP 在食用菌中含量最为丰富，是形成香菇特有鲜味的主要物质。

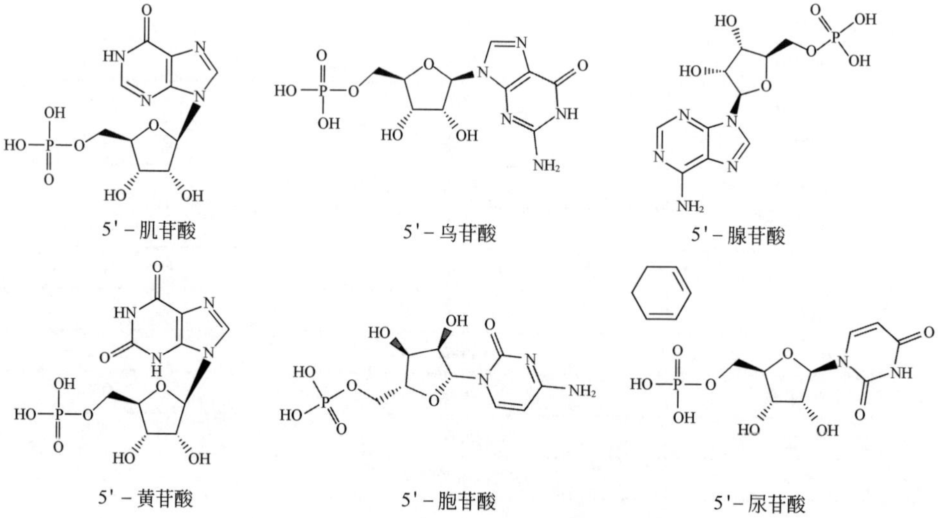

图 5-12　呈味核苷酸结构式

（图中标注：5'-肌苷酸　5'-鸟苷酸　5'-腺苷酸　5'-黄苷酸　5'-胞苷酸　5'-尿苷酸）

核苷酸可与谷氨酸钠（MSG）产生协同作用，显著提高 MSG 的鲜度。在核苷酸的存在下，即使鲜味氨基酸的含量低于阈值，也可以使呈鲜效果达到阈值以上的水平。核苷酸和氨基酸的配比不同时，增鲜效果不同，如 5% IMP+95% MSG 混合物的鲜度为单纯 MSG 的 6 倍，12% GMP+88% MSG 混合物的鲜度为单纯使用 MSG 的 9.1 倍。

可溶性糖/糖醇不仅与食用菌的药用价值相关，也是食用菌产生甜味的重要原因，其种类和含量直接影响食用菌的滋味和口感。食用菌中主要可溶性糖/糖醇是海藻糖和甘露醇，甜度分别为 45 和 70（蔗糖甜度为 100）。研究表明甘露醇是食用菌中甜味的重要物质来源，随着甘露醇含量的增加，食用菌甜爽度也随之提高。一些其他的可溶性糖/糖醇如葡萄糖、果糖、阿拉伯糖醇等也共同起到增甜的作用。

多种有机酸也参与了食用菌的最终呈味，其种类和含量的不同在一定程度上影响了食用菌独特风味的形成。柠檬酸酸味圆润、爽快可口。苹果酸酸度比柠檬酸更大，但口感柔和，具有特殊的香味。琥珀酸的钠盐有鲜味，且味觉特性不同于鲜味氨基酸和呈味核苷酸，可与后者共同调节食用菌的鲜味。琥珀酸、柠檬酸、富马酸等为食用菌中常见有机酸。不同品种的食用菌在有机酸的种类和含量存在显著性差异，如杏鲍菇中主要的有机酸为柠檬酸、琥珀酸、醋酸。而在鲍鱼菇中，富马酸则为含量最高的有机酸，占有机酸含量的80%左右。

食用菌中的一些无机离子、维生素等物质也会间接或直接调节食用菌的最终滋味。如Na^+与谷氨酸和琥珀酸生成相应钠盐，进而增强食用菌鲜味。

5.2.2　游离氨基酸的分析方法

氨基酸是构成蛋白质大分子的基础物质，与生物的生命活动密切相关。氨基酸的组成不仅影响食用菌的营养价值，也与其滋味密切相关。有大量学者对食用菌中氨基酸组成进行分析，目前食用菌中氨基酸的分析方法主要有高效液相色谱法、毛细管电泳法、气相色谱法、色谱质谱联用法。

5.2.2.1　高效液相色谱法

高效液相色谱（high performance liquid chromatography）以液体作流动相，不受试样挥发性和热稳定性的限制，分析速度快，分离效能高，适用性范围广，广泛应用于化合物的定性定量分析，也是分析氨基酸的重要方法之一。

液相色谱是基于混合物中各组分在两相（固定相和流动相）之间的不均匀分配进行分离的一种方法。氨基酸结构和性质上的差异，导致其在固定相上的驻留时间不同，适当调整流动相的组成和洗脱梯度，可实现氨基酸的有效分离。

氨基酸的分离常采用以C_8或C_{18}键合硅胶为固定相的反相柱、离子色谱交换柱、亲水作用色谱柱等。流动相通常为水相和有机相（如甲醇、乙腈、四氢呋喃等），有时需要加入缓冲盐调节pH。

根据使用检测器的不同，高效液相色谱法可分为衍生法和非衍生法。

（1）衍生法　大多数氨基酸缺乏具有强紫外吸收和荧光效应的官能团，因此如果应用紫外吸收检测器（ultraviolet absorption detector, UVD）或荧光检测器（fluorescence detector, FLD）进行分析，则需要在检测前对氨基酸进行衍生化处理，使氨基酸转化成能被检测的衍生物。衍生化处理分为柱前衍生法和柱后衍生法。

柱前衍生即氨基酸需要先进行衍生化处理生成衍生物后，再通过反相色谱柱分离检测。该方法操作简单，灵敏度高，对色谱仪要求较低。目前，分析氨基酸常用的柱前衍生剂主要有以下几种，异硫氰酸苯酯（PITC）、二硝基氟苯（DNFB），可使衍生化产物具有紫外吸收特性；邻苯二甲醛（OPA）、氯甲酸-9-芴基甲酯（FMOC-Cl）等衍生试剂可生成具有强荧光的衍生物。6-氨基喹啉-N-羟基琥珀酰亚胺氨基甲酸酯（AQC）的衍生产物同时具有紫外吸收特性和荧光特性。几种氨基酸衍生剂比较见表5-2。

※ 表5-2　几种氨基酸衍生剂比较

名称	衍生条件	衍生时间/min	操作难易	衍生物稳定性	检测器类型	是否干扰	是否与二级核苷酸反应
OPA	单步室温	15	简单	不稳定	荧光/紫外	无	不反应
FMOC-Cl	单步室温	<1	简单	稳定	荧光/紫外		反应
DNFB	加热避光	60	复杂	稳定	紫外		反应
PITC	多步室温	60	复杂	稳定	紫外	无	反应
丹磺酰氯（Dansyl-Cl）	加热避光	40	简单	稳定	荧光	有	反应
AQC	多步加热	10~30	简单	稳定	荧光	有	反应
对甲氧基苯磺酰氯（MOBS-Cl）	单步加热	35	简单	稳定	紫外	无	反应
咔唑-9-乙基氯甲酸酯（CEOC）	单步室温	2	简单	稳定	荧光/紫外		反应

举例：应用柱前衍生法测定真姬菇、金针菇和杏鲍菇中游离氨基酸含量。

① 提取氨基酸　取干燥的样品粉末（40目）1.0 g，加水30 mL，浸泡1 h，超声提取40 min。过滤，滤渣同上方法再提取2次，合并滤液，定容至100 mL。

② 衍生化反应　取对照品溶液和样品溶液各200 μL，各加入0.1 mol/L异硫氰酸苯酯乙腈溶液100 μL，1 mol/L三乙胺溶液100 μL，混匀，室温放置1 h，加入正己烷400 μL，混匀。10000 r/min离心5 min，分层后取下层溶液过0.45 μm滤膜。

③ 仪器检测　选用Atlantic d C18色谱柱对衍生物进行分离。流动相A：甲醇-乙腈溶液（1:2，体积比）。流动相B：取12.6 g乙酸钠，加入930 mL

现代食用菌深加工

水溶解，另加入 70 mL 乙腈，充分摇匀。调节 pH 为 6.5。流动相 A、B 均用 0.45 μm 滤膜过滤。流速为 1.0 mL/min，梯度洗脱。使用二极管阵列检测器进行测定，吸收波长为 245 nm。

结果表明，三种食用菌均含有 18 种氨基酸，总游离氨基酸的含量分别为 5.32%、4.72% 和 4.59%；其中谷氨酸与天冬氨酸的比例差别较大，推测三种食用菌的鲜味可能与谷氨酸和天冬氨酸的比例有关。

柱后衍生法是指多种氨基酸经过色谱分离后，与衍生剂反应，生成具有荧光和紫外吸收特性的衍生物。该方法在分离氨基酸后进行衍生化处理，可有效避免其他物质干扰，适用于复杂样品的氨基酸分析。常用的衍生剂有茚三酮和邻苯二甲醛。

茚三酮是经典的氨基酸衍生试剂，可同时与一级和二级氨基酸发生衍生反应。其与一级氨基酸产生深蓝色或蓝紫色衍生物，与二级氨基酸反应产生一种黄色衍生物，可被紫外-可见光检测器检测。茚三酮衍生化过程见图 5-13。

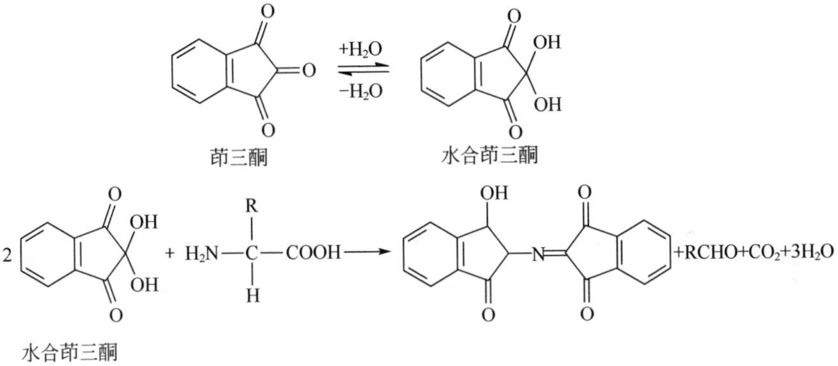

图 5-13　茚三酮衍生化过程

氨基酸自动分析仪就是根据茚三酮衍生化原理进行氨基酸分析的。在酸性条件下，氨基酸变为阳离子，经过阳离子交换色谱柱分离后，与茚三酮发生衍生化反应，再应用紫外-可见光检测器进行测定，检测波长为 570 nm 和 440 nm。

氨基酸分析仪具有分析效率高、重现性好、自动化程度高等优点，是目前应用最广泛的氨基酸分析方法。但衍生法步骤烦琐、操作复杂、耗时较长等缺点一定程度上限制了衍生法的应用。

（2）非衍生法　即氨基酸可直接检测，无需进行衍生化处理的分析方法。目前蒸发光散射检测技术和阴离子交换色谱-积分脉冲安培检测技术两种技术较多应用于食品、烟草、医药等行业的氨基酸检测。

蒸发光散射技术可直接检测无紫外吸收和荧光官能团的物质，适用于未衍生化氨基酸的检测，但存在噪声较高、灵敏度低、响应与被测物浓度不成线性等问题。

阴离子交换色谱-积分脉冲安培法应用电化学检测技术。在强碱性条件下，氨基酸中的羧基变成阴离子，经过阴离子交换色谱柱分离后，进入积分脉冲安培检测器，在金电极表面施加一定的电位可使氨基发生氧化反应，从而实现对氨基酸的检测。此方法具有灵敏度高、选择性好的特点，被更多应用于食品的分析。

5.2.2.2　毛细管电泳法

毛细管电泳是以毛细管为分离通道，以高压直流电场为主要驱动力，根据带电物质在电场中的电迁移率不同对混合物进行分离。毛细管电泳仪由高压直流电源、进样装置、毛细管、检测器和两个供毛细管插入而又与电源电极相连的缓冲液储瓶组成（图5-14）在毛细管电泳中，带电的溶质离子在电场作用下发生迁移，不同的溶质离子的电泳迁移速度不同。除了溶质离子，缓冲液在电场的作用下也沿着毛细管迁移，这种现象被称为电渗流。正常模式下，电渗流的方向是由正极向负极移动。样品在毛细管内的移动速度取决于电渗流速度和电泳速度的矢量和。由于电渗流速度大于电泳速度，所有离子均移向负极。阳离

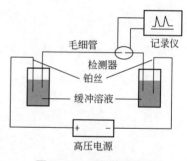

图 5-14　毛细管电泳仪

子在电渗流和电泳速度的双重影响下，以最快的速度移向负极；中性溶质不受电泳速度的影响，流出速度与电渗流相同；阴离子受到正极的牵引，以低于电渗流的速率，缓慢移向负极。

根据毛细管分离模式可分为毛细管区带电泳（CZE）、毛细管等电聚焦电泳（CIEF）、毛细管等速电泳（CITP）、毛细管凝胶电泳（CGE）、胶束

现代食用菌深加工

电动毛细管色谱（MEKC）、毛细管电色谱（CEC）、非水毛细管电泳（NACE）、亲和毛细管电泳（ACE）等。其中毛细管区带电泳、胶束电动毛细管色谱和毛细管电色谱被应用于氨基酸的分离检测。

与高效液相色谱法相似，毛细管电泳法也可根据检测器不同分为：衍生法和非衍生法两种。应用紫外吸收检测器和荧光检测器时，需要对氨基酸进行衍生化处理，多数应用在高效液相色谱法中的衍生剂也适用于毛细管电泳。目前，电化学检测是应用毛细管电泳法检测未衍生氨基酸最灵敏的方法。

毛细管电泳法具有样品需求量少、分离效率高、分析速度快、成本低等特点，并且可对手性氨基酸进行分离。

5.2.2.3 气相色谱法

气相色谱法（GC）是一种对易挥发且高温不易分解的化合物进行分析的色谱技术。对于一些挥发性过低、热稳定性差、分子极性过强的化合物，需要经过衍生化处理，改变待测组分的理化性质后，才可以进行 GC 检测。由于氨基酸沸点较高，需要在测定前对氨基酸进行衍生化处理。

目前氨基酸的衍生方法包括硅烷化、烷基化和酰基化，其中硅烷化是最主要的衍生方法。衍生化时，氨基酸中的活泼氢会被硅烷基、烷基或酰基取代，生成挥发性强的衍生物。

硅烷化常用衍生剂是 *N,O*-双（三甲基硅烷基）三氟乙酰胺（BSTFA）和 *N*-叔丁基二甲基甲硅烷基-*N*-甲基三氟乙酰胺（MTBSTFA）。由于氨基酸中不同官能团活泼氢对硅烷化试剂的亲和力不同，不同的反应条件可能会产生多种衍生化产物（图 5-15）。

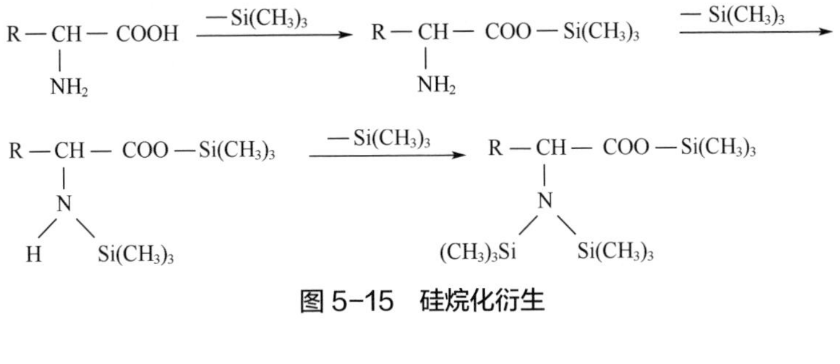

图 5-15 硅烷化衍生

由于衍生化过程使用的衍生试剂不同，以及衍生反应的复杂性，不同氨基酸衍生速度有很大差异，因此衍生化条件必须严格控制，以保证检测结果的重复性。硅烷化衍生试剂和衍生物对水分比较敏感，应保持反应体系干燥。部分氨基酸硅烷化产物不稳定，如精氨酸的衍生物会裂解成鸟氨酸和谷氨酸，谷氨酸会转变成焦谷氨酸。

氢火焰离子化检测器是一种高灵敏度通用型检测器。它几乎对所有有机物都有响应。检测时，被测组分在 H_2 火焰燃烧高温下，被电离生成正离子和电子。生成的离子和电子在外电场的作用下，定向移动形成微弱电流，进而输出到记录仪，得到色谱流出曲线。一定范围内，微电流信号和被测组分质量成正比。

5.2.2.4 色谱质谱联用法

由于质谱的高选择性和高分辨率，可实现对共洗脱成分和干扰杂质的有效区分，是复杂样品中氨基酸分析的有力工具。气相色谱、液相色谱和毛细管电泳均可与质谱串联并应用于氨基酸的分析。气相色谱-串联质谱法灵敏度高、分辨率和重复性好，在氨基酸对映异构体的分析上具有优势。液相色谱-串联质谱法和毛细管电泳-串联质谱法可实现对衍生化/未衍生化的氨基酸分析。

质谱仪基本组件和功能见图 5-16。样品经色谱分离后，依次进入离子源，在离子源完成电离过程，生成带电离子。继而进入质量分析器，带电离子根据质荷比（m/z）大小进行分离；离子撞击检测器转换生成电信号。

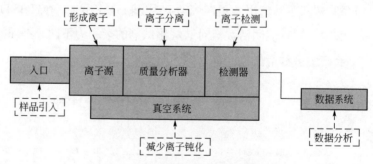

图 5-16 质谱仪基本组件和功能

举例：应用 GC-MS 测定野生蘑菇中游离氨基酸含量。

① 氨基酸提取　取 10 g 蘑菇洗净，沥干，切成 5～10 mm 厚。加入 80% 的乙醇水溶液（体积分数），在 75℃下均质 10 min。收集样品进行索氏提取，加入 100 mL 80%的乙醇水溶液，75℃下水浴回流 2 h，提取液冻干并

现代食用菌深加工

进行衍生化处理。

② 衍生化　使用 MTBSTFA 进行氨基酸衍生化。每个样品加入 75 μL 内标溶液，氮吹至完全干燥。加入 10 μL 二甲基甲酰胺和 60 μL MTBSTFA，密封后 70℃ 加热 20 min，完成衍生化。

③ GC-MS 分析　应用安捷伦 6890/5973B 气相色谱质谱联用仪测定氨基酸衍生化样品。采用 DB-5 气相色谱柱分离氨基酸衍生物。

a. 气相色谱条件　升温程序：初始温度 120℃，以 120℃/min 的速度升温至 150℃，保持 5 min；后以 7℃/min 的速度升温至 240℃；以 20℃/min，升至 295℃，持续 16 min。进样口温度为 260℃；载气流速（He）为 45 mL/min。

b. 质谱条件　选择电子轰击电离模式，电子能量 70 eV，选取 Scan 模式，质量扫描范围为 30～700 m/z。传输管温度为 300℃；离子源温度 230℃；四极杆检测器温度 150℃。氨基酸衍生物的鉴定是通过与标准品的质谱图和保留时间的对比确定的。

5.2.3　呈味核苷酸的分析方法

食用菌中有大量呈味核苷酸，对食用菌特有鲜味的形成具有重要作用，因此食用菌中呈味核苷酸类物质的分析也受到广泛关注。核苷酸具有极性强和挥发性低的特点，常用的分析方法有高效液相色谱法、毛细管电泳法和色谱质谱联用法等。

5.2.3.1　高效液相色谱法

高效液相色谱法是核苷酸类物质分析最常用的方法。反相高效液相色谱、离子对色谱、亲水作用色谱等可用于分离核苷酸。由于嘌呤碱和嘧啶碱具有共轭双键，使碱基、核苷和核苷酸在 240～290 nm 的紫外波段有强烈的吸收峰，因此核苷酸定性定量分析可通过紫外吸收检测器实现。

（1）反相高效液相色谱　反相高效液相色谱是采用非极性固定相和极性流动相，利用组分在固定相和流动相之间的不均匀分配进行分离的一种方法。核苷酸极性较大，在传统 C_{18} 固定相上难以保留。但随着色谱技术的开发，越来越多种反相色谱柱逐渐问世，增强了对极性物质的保留能力，因此部分反相色谱柱也可实现对核苷酸的分离。目前反相高效液相色谱被大量应用于核苷酸的测定，而且高效液相色谱-紫外检测法是检测食用菌中核苷酸含量最常用的方法。

举例：应用高效液相色谱-紫外检测器测定 17 种食用菌中核苷酸含量。

① 核苷酸提取　取 500 mg 蘑菇冻干粉加入 50 mL 去离子水。沸水浴提取 1 min，冷却至室温。4000 r/min 离心 30 min，取出上清液。进样前使用 0.22 μm 滤膜过滤样品。

② 核苷酸检测　应用 Gemini-NX C$_{18}$ 色谱柱（250 mm×4.60 mm, 5 μm）分离核苷酸。流动相 A：甲醇。流动相 B：水（含 0.05%磷酸）溶液。以 5%流动相 A 等度洗脱，流速为 0.7 mL/min。紫外吸收检测器的检测波长为 254 nm。

应用此方法，测定 17 种食用菌中呈味核苷酸，结果表明不同样品中核苷酸总量差异较大，最高可达到 36.93 mg/g，而黑木耳中含量最低，仅 0.4 mg/g。

（2）亲水作用色谱　亲水作用色谱是基于水分子吸附在亲水基球表面作为分配过程中固定相的一种色谱模式。分离原理是基于样品在固定相表面吸附的水层和流动相之间的分配。采用亲水极性固定相，如硅胶填充柱、极性聚合物填料等，应用含极性的有机溶剂和水溶液为流动相体系，乙腈-水是最常见的洗脱溶液。亲水作用色谱对高极性物质有较好的保留能力，且流动相组成简单、分离效率高，适用于核苷酸类物质的分离和鉴定。

（3）离子交换色谱　离子交换色谱法是利用被分离组分离子交换能力差异而实现分离的。固定相为离子交换树脂，流动相为一定 pH 和离子强度的缓冲溶液。树脂分子结构中存在许多可以电离的活性中心，待分离组分中的离子会与这些活性中心发生离子交换，形成离子交换平衡，从而在流动相和固定相之间形成分配。固定相的固有离子与待分离组分中的离子争夺离子交换中心，并随着流动相的运动而运动，最终实现分离。核苷酸类物质通常使用阴离子交换色谱柱进行分离。

待分离组分的离子电荷、离子半径以及洗脱液的组成和 pH 等因素都会影响离子的洗脱顺序。离子交换色谱法具有较高的分离效率，但是使用时需要对分离柱进行平衡、再生，耗时较久。后期随着更多高效分析方法出现，该方法逐渐被取代。

（4）离子对色谱　离子对色谱在保留机理上有很多理论模型，包括离子对模型、动态离子交换模型和离子相互作用模型。离子对模型是目前最

流行的理论，是指在流动相加入与待分离物质离子电荷相反的离子（对离子），使之与待测离子作用生成疏水性中性物质，再通过该物质在固定相和流动相间的分配系数差异进行分离。

离子对色谱分为正相离子对色谱和反相离子对色谱，后者应用更为广泛。离子对试剂有两大类：季铵盐类和烷基磺酸盐类，前者在 pH 为 7.5 的条件下可与强酸和弱酸形成离子对；后者在 pH 为 3.5 的条件下与强碱和弱碱形成离子对。影响离子对色谱分离的主要因素有离子对试剂的种类和浓度、pH、流动相中的离子类型和浓度等。

分离核苷酸常应用反相离子对色谱，色谱柱固定相常为 C_{18} 键合相。由于核苷酸在 pH 2～12 下带负电荷，常选择季铵盐类化合物作为离子对。

5.2.3.2　毛细管电泳法

与液相色谱法相比，毛细管电泳对极性和结构相似的化合物有更高的分离效率和更好的分辨率。同时使用毛细管电泳也避免了液相中常见的谱带扩展现象。毛细管区带电泳、毛细管电色谱已成功应用于核苷酸的检测。

5.2.3.3　色谱质谱联用法

液相色谱-串联质谱法与毛细管电泳-串联质谱法可用于核苷酸的分析。考虑到质谱的兼容性，离子对色谱中使用的离子对试剂季铵盐不易挥发，会导致质谱仪污染，因此应选择挥发性更强的离子对试剂，如三丁胺、己胺、二丁胺盐、二甲基己胺等。同样，其他色谱以及毛细管电泳中应用的缓冲盐类也应使用易挥发性物质。目前，大量学者开发了多种色谱质谱联用方法，对食用菌中的核苷酸物质进行分析。

举例：使用液相色谱-离子阱质谱法测定香菇中核苷和核苷酸。

（1）**样品提取**　取 100 g 干香菇捣碎成浆，加入 300 mL 0.14mol/L NaCl 溶液，在 60℃下浸泡 3 h；然后迅速放入沸水浴中加热 10 min。冷却离心，取 5 mL 上清液，用 0.5 mol/L 的 NaOH 溶液调至 pH 为 8。提取液过离子交换柱，使用蒸馏水洗去不吸附物，然后用 pH 为 3.7 的 0.1 mol/L 甲酸/甲酸钠缓冲液洗脱待测物。收集洗脱液 500 mL，旋转蒸发至近干，再用超纯水定容到 10 mL。经过 0.22 μm 微孔滤膜过滤后，可进行液质分析。

（2）**液相条件**　分离色谱柱为 Zorbax XDB-C_{18}（150mm×2.0 mm，5μm）；流动相 A 为甲醇；流动相 B 为 0.1%甲酸水溶液。梯度洗脱程序：

0～10 min，10%流动相 A；10～15 min，10%～5%流动相 A；20～25 min，5%～10%流动相 A。流速为 0.2 mL/min；进样量 20 μL。

（3）**质谱条件** 使用电喷雾离子源，正离子模式检测。雾化器压力275.8 kPa。干燥气流速：8 L/min。干燥气温度：350℃。毛细管电压：3500 V。利用核苷酸的准分子离子和二级碎片离子进行定性和定量分析（表 5-3）。

表 5-3　4 种核苷酸的母离子及其子离子碎片

核苷酸	分子量/Da	母离子质荷比（m/z）	子离子质荷比（m/z）
尿苷酸	244	245	113
肌苷酸	268	269	137
鸟苷酸	283	284	152
腺苷酸	267	268	136

应用该方法测定 4 种不同产地的市售香菇，发现 GMP 为香菇中含量最高的核苷酸，可达到 425.3 μg/g，UMP 含量最低为 102.5 μg/g，大量的核苷酸对香菇独特风味的形成有重要作用。

5.2.4　可溶性糖/糖醇的分析方法

可溶性糖指在生物细胞内呈溶解状态，可被水和其他极性溶剂提取出来的糖，如葡萄糖、果糖、麦芽糖、蔗糖等。可溶性糖包括大部分单糖和寡糖。单糖是一种含有多羟基的亲水性物质，具有结构相似、极性强、非挥发性、无发色基团和荧光基团的特性；寡糖又称为低聚糖，是由 2～10 个单糖分子通过糖苷键连接而成的，以二糖较为普遍。糖醇为多元醇，是糖分子上的醛基或酮基还原成羟基形成的，具有一定甜度。可溶性糖/糖醇不仅可以产生甜味，而且一些可溶性糖/糖醇还具有一定的活性功能，因此食用菌中可溶性糖/糖醇成分的测定也受到广泛关注，主要的分析方法有高效液相色谱法、气相色谱法、毛细管电泳法、色谱质谱联用法。

5.2.4.1　高效液相色谱法

高效液相色谱是测定可溶性糖/糖醇最常用方法。根据糖的理化性质，主要色谱分离方式有反相高效液相色谱和阴离子交换色谱。

（1）**反相高效液相色谱** 由于糖类有很强的亲水性，难以在传统的反相色谱柱上保留，需要使用专用的色谱柱，例如糖基柱、氨基柱、酰胺

现代食用菌深加工

柱。氨基柱和酰胺柱在常规硅胶柱上进行化学修饰使其表面键合上强极性的—NH_2或—$CONH_2$键，具有保留亲水化合物的能力。酰胺柱较氨基柱稳定性更高，寿命更长，而且酰胺柱的梯度兼容性更高，能够排除盐分干扰，减少溶剂消耗，应用更为广泛。

糖类可通过衍生化增强在反相色谱柱上的保留，从而实现更好的分离效果。还原糖经过1-苯基-3-甲基-5-吡唑啉酮（PMP）衍生，极性发生改变，可在普通C_{18}反相柱上保留；同时，衍生产物在245 nm下有紫外吸收特性，可通过UVD进行测定。

根据耦合检测器的不同，样品前处理过程有差异。使用示差折光检测器（RID）、蒸发光散射检测器（ELSD）、荷电气溶胶检测器（CAD）不需要进行衍生化。RID操作简便、快速，应用较为广泛，但应用此检测器，仅能使用等度洗脱，有时难以满足复杂混合物的分离需求。应用ELSD时，应该选用低沸点的洗脱剂，避免蒸发温度过热，导致糖发生热降解。

使用UVD和FLD则需要进行衍生化反应。柱前衍生化法较为常见，主要的衍生试剂有对氨基苯甲酸、邻氨基苯甲酸、PMP等。但由于果糖和其他非还原糖分子上的空间位阻或缺乏醛基，不能与PMP等典型的衍生化试剂发生反应，致使无法对果糖进行检测，从而产生误差。邻氨基苯甲酸是荧光检测器最常用的衍生试剂。

（2）阴离子交换色谱 阴离子交换色谱适合强极性的糖类化合物检测。单糖在强碱性条件下呈现阴离子状态，可根据其所带电荷、吸附作用、分子量大小的差异在色谱中进行分离。高效阴离子交换色谱常耦合脉冲安培检测器，利用糖在电极表面的氧化还原反应来对单糖进行检测，无需进行衍生。该方法具有较高的灵敏度，检测限低至μg/L。

高效阴离子交换色谱选择强碱性溶液为流动相，如NaOH、KOH溶液等。洗脱剂的浓度对糖类分离效果影响较大，对单糖进行洗脱时，选择10～20 mmol/L的NaOH溶液分离效果较好。流动相流速和柱温也会影响糖的分离。

举例：应用高效阴离子交换色谱-脉冲安培检测法分析食用菌中海藻糖、甘露醇和阿拉伯糖醇含量。

① 可溶性糖提取 称取食用菌干粉100 mg，加入50 mL蒸馏水，沸

水浴提取 2 h 后定容到 50 mL。取 1 mL 溶液于 13400g 下离心 10 min，取上清液，过膜。

② 色谱条件 实验选用 CarboPac MAI 阴离子交换柱（4 mm×250 mm），流动相为 480 mmol/L NaOH 溶液，流速为 0.40 mL/min，柱温为 30℃。脉冲安培检测器的工作参数：E1 为 100 mV，400 ms；E2 为 2000 mV，20 ms；E3 为 600 mV，10 ms；E4 为 100 mV，70 ms。

应用该方法测定 17 种食用菌中海藻糖、甘露醇和阿拉伯糖醇含量。在此条件下，三种糖及糖醇可以有效地被分离检测，在食用菌基质中也实现较好的分离（图 5-17）。全部食用菌样品中均含有海藻糖和甘露醇，且在大部分样品中海藻糖含量高于甘露醇。阿拉伯糖醇存在于部分食用菌中，仅在猴头菇和香菇中含量较高。

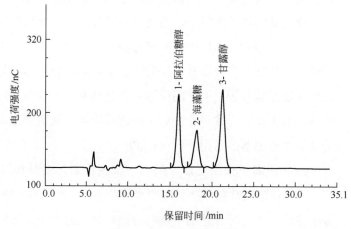

图 5-17 香菇样品色谱图

5.2.4.2 毛细管电泳法

应用毛细管电泳法检测单糖可分为非衍生化法和衍生化法。

（1）非衍生法 使用 UVD 检测时，有两种方式可对非衍生化糖进行检测：利用糖在强碱性条件下，发生离子化，可直接进行紫外吸收检测；或通过间接紫外检测，以某些有紫外吸收的物质（如山梨酸）作为背景电解质，使无吸收的物质产生负吸收而进行检测。应用脉冲安培电化学检测仪也可直接检测糖类物质，无需提前进行衍生化反应。

（2）衍生法 常用柱前衍生法，引入紫外吸收基团或荧光基团，然后

90

应用 UVD 或 FLD 对糖进行检测。

5.2.4.3 气相色谱法

气相色谱-氢火焰离子化检测器可对糖进行分离测定。由于糖具有挥发性低、热稳定性差的特点，因此在进行检测前需要衍生化。常用的衍生化方法是硅烷化和乙酰化。硅烷化衍生法易产生副衍生物而造成多峰、重叠峰等现象，这给后续的定性工作带来较大困难，造成定量不准确。乙酰化衍生法能有效减少由于糖的异构化而造成的多峰现象，每种单糖都能获得单一的色谱峰，有利于对单糖进行准确定性和定量分析。

5.2.4.4 色谱质谱联用法

近年来，质谱法在糖的结构解析中得到广泛应用。质谱法同样也应用于小分子糖的检测，常与亲水作用色谱、毛细管色谱串联对可溶性糖进行定性定量分析。由于糖类通常存在多种同分异构体，所以质谱法在应用于糖类检测时，通常会选用有多级质谱能力的三重四极杆或者离子阱作为质量分析器。但单糖自身低电离度也造成质谱检测的灵敏度低，复现性差，回收率差等问题。气相色谱-串联质谱法在复杂糖类物质定性定量分析方面具有独特优势。

举例：使用 GC-MS 测定香菇和杏鲍菇及其预煮液中可溶性糖。

（1）样品干粉预处理 取 0.5 g 蘑菇干粉，加入 100 mL 水，于 60℃下超声 1 h，提取香菇中的可溶性糖。3000 r/min 离心 10 min，取上清液在 60℃进行减压旋转浓缩。

（2）样品乙酰化处理 取上清液浓缩液水浴蒸干后，用真空干燥充分去除水分。用少量甲醇溶解样品，转移至安瓿瓶，加入 1 mL 吡啶密封。90℃水浴下反应 0.5 h；冷却至室温后，再加入 1.0 mL 乙酸酐密封，90℃反应 0.5 h，氮气吹干。加入 1 mL 氯仿溶解，再用 1 mL 蒸馏水洗涤 2 次，取氯仿层进行分析。

（3）色谱条件 使用 HP-5（30 m×250 μm×0.25 μm）气相色谱柱。升温程序：初始温度 200℃，保持 3 min；以 5℃/min 的速度升温至 210℃，保持 2 min；以 20℃/min，升至 230℃，保持 2 min。载气为氦气，流速为 1.0 mL/min，压力 2.4 kPa。进样量为 0.2 μL；分流比为 50∶1。

（4）质谱条件 使用电子轰击离子源，电离电压 70 eV；传输管温度 275℃；离子源温度 230℃；母离子 m/z 为 285；激活电压 1.5 V；质量扫描

范围 m/z：$0 \sim 500$，扫描速率 2 scans/s。

五种物质的质谱图见图 5-18。香菇中检测到海藻糖、甘露醇和阿拉伯糖醇，而杏鲍菇中仅检测到甘露醇和阿拉伯糖醇。食用菌加工中的预煮过程，使大量可溶性糖溶出，如香菇中的海藻糖溶出率达到 96.5%。

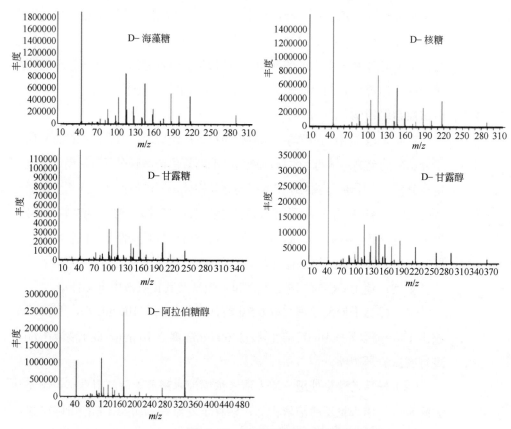

图 5-18　五种可溶性糖或糖醇的质谱图

5.2.5　有机酸的分析方法

有机酸是一类含有羧基具有酸性的化合物（不包括氨基酸）。小分子有机酸易溶于水、乙醇等，难溶于亲脂性有机溶剂；大分子有机酸易溶于有机溶剂而难溶于水。食用菌中主要参与呈味的是小分子有机酸，其测定方法主要有高效液相色谱法、毛细管电泳法、气相色谱法和色谱质谱联用法。

5.2.5.1　高效液相色谱法

有机酸在不同的 pH 条件下，能够在离子形态和分子形态间相互转换。

因此，可在不同色谱体系下实现有效分离。

（1）反相高效液相色谱 应用反相色谱法对有机酸进行分离，需要保证有机酸以分子形式存在，通常使用酸性流动相来抑制有机酸的解离，如磷酸氢盐等。有时会在流动相加入有机溶剂，减少有机酸在固定相的吸附作用。由于有机酸以分子状态存在，基于紫外吸收特性的检测器更适合对有机酸进行检测。为了满足多种有机酸的检测，检测波长通常为末端吸收的 210 nm，也可根据一些有机酸的特定吸收波长进行调整。目前反相色谱法是检测有机酸最常用的方法。

举例：应用反相高效液相色谱法测定食用菌中 7 种有机酸。

样品前处理：将食用菌冻干、粉碎。称取 1 g 粉末，加入 20 mL 去离子水浸泡 30 min 后用超声提取 45 min。离心后取上清液，并用 0.45 μm 滤膜过滤后待用。

有机酸检测：使用色谱柱 Green ODS-AQ（250 mm×4.6 mm，5 μm）分离 7 种有机酸。以磷酸二氢钾缓冲液为流动相，缓冲液浓度为 10 mmol/L，用 85%磷酸调节 pH 至 2.8。流速为 1.0 mL/min。进样量 10 μL。使用 DAD 检测，吸收波长为 210 nm。

该方法具有良好的准确度和精密度，色谱图见图 5-19。应用此方法检测 8 种食用菌中有机酸。结果表明：不同食用菌中有机酸种类和含量存在显著差异，如富马酸在鲍鱼菇中含量可达到 96.11 mg/g，而在杏鲍菇中仅 1.56 mg/g。7 种有机酸中，仅柠檬酸和富马酸存在于所有检测样品中。

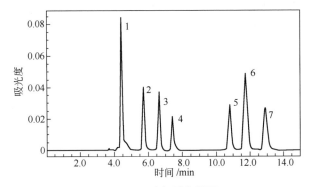

图 5-19　有机酸色谱图

1—酒石酸；2—苹果酸；3—抗坏血酸；4—醋酸；5—柠檬酸；6—富马酸；7—丁二酸

（2）**离子交换色谱**　有机酸在水溶液中可部分解离，生成羧酸根阴离子和氢离子。应用离子交换色谱时，羧酸根离子会与固定相中的阴离子基团相交换，保留在固定相上，从而实现分离。通常容易解离的有机酸更易在离子交换柱上保留。常用的阴离子交换柱均可实现有机酸的分离，常用的淋洗液为有机羧酸及其盐类，如邻苯二甲酸氢钾，电导较低，可提高有机酸的灵敏度。离子色谱法通常采用电化学检测器（ECD），也可通过 UVD 进行检测。应用离子色谱-电化学检测法时，食用菌中其他物质氨基酸、核苷酸等易对检测产生干扰，一定程度上限制了离子色谱-电化学检测法的应用。

（3）**离子排斥色谱**　离子排斥色谱也可实现对有机酸的分离。分离原理为：进入色谱柱的容易电离的物质被带电的树脂排斥而通过色谱柱，而难电离的物质和非离子物质则滞留在树脂上。电离度越大的物质保留时间越短，电离度越小的物质保留时间越长，而对于非离子物质，则通过它们与树脂官能团之间不同的极性引力和范德华力进行分离。

有机酸分离使用阳离子交换树脂，洗脱液通常为酸性溶液。有机酸的洗脱顺序为：同系物的离子按酸强度和水溶性降低的顺序洗脱；二元酸比一元酸更快洗脱，异酸比正酸更易洗脱；双键和苯环等结构会增加有机酸的保留。

举例：应用离子排斥色谱测定食用菌中 9 种有机酸。

称取 1 g 蘑菇粉，与 50 mL 甲醇充分混合（40℃），离心取上清液。在 40℃下负压蒸发，去除甲醇。使用盐酸溶液（pH 为 2.0）溶解样品。注入固相萃取柱（提前用 30 mL 甲醇和 70 mL 盐酸溶液活化）。非极性化合物被保留，极性化合物，如有机酸等用水溶液洗脱。洗脱液在 40℃下负压蒸干，复溶于 0.01 mol/L 硫酸溶液中。

使用离子排斥色谱柱 Nucleogel Ion 300 OA（300 mm×7.7 mm）对有机酸进行分离，以 0.01 mol/L 硫酸溶液为流动相，流速为 0.1 mL/min，等度洗脱 120 min，紫外吸收波长为 214 nm。

在此条件下，柠檬酸和酮戊二酸，苹果酸和奎尼酸色谱峰存在部分重叠，其余 5 种有机酸可实现完全分离。应用该方法测定六种食用菌的有机酸，其中柠檬酸、酮戊二酸、苹果酸、琥珀酸和反丁烯二酸存在于所有样

现代食用菌深加工

品中，而草酸、抗坏血酸、奎尼酸和莽草酸仅存在部分样品中。

5.2.5.2　气相色谱法

气相色谱法主要应用于长链有机酸的分析。也有学者尝试用气相色谱法检测小分子量有机酸。如应用气相色谱-氢火焰离子化检测器测定蜂蜜中有机酸含量，同时测定乳酸、柠檬酸、琥珀酸、苹果酸 4 种有机酸。由于有机酸的非挥发性和热不稳定性，需要进行衍生化处理，主要为硅烷化、甲酯化两类。衍生化过程操作烦琐、耗时较久，而且衍生反应的转化率也会给结果带来一定误差，因此气相色谱对热稳定性差和含量低的有机酸分析有一定的局限性。目前成功应用于白酒、烟草、蜂蜜等物质中有机酸的检测。

5.2.5.3　色谱质谱联用法

色谱质谱联用技术也应用于有机酸的检测。由于有机酸易电离出 H^+，因此，在使用电喷雾离子源时，在负离子模式下进行有机酸分析。质量分析器可选择三重四极杆、离子阱以及高精度的轨道阱质谱。质谱检测器常搭配反相色谱和亲水色谱使用。

5.2.6　多种呈味物质的同时测定

由于食品呈味物质种类较多，分别测定需要耗费大量的时间和人力，因此有学者开始探究可同时测定两种或多种呈味物质的有效方法，以提高检测效率。

色谱质谱联用技术是分析复杂样品的强大工具，具有色谱的优越分离性能与质谱高灵敏度和高选择性的特点，可同时测定上百种化合物，大大缩短了分析时间。目前该技术广泛应用于代谢组学、脂质组学、蛋白质组学等研究工作中。色谱质谱联用技术具有高分离能力、准确识别能力和稳定定量能力，使其在多种呈味物质同时测定上具有极大的潜力。

目前有学者尝试使用色谱质谱联用技术测定多种呈味物质。如 Dong 等人应用液相色谱质谱联用技术，同时测定香菇中游离氨基酸和呈味核苷酸含量，检测一个样品仅需要 18 min，节约了大量时间。Liu 等建立一个液相色谱质谱联用方法，可同时对 20 种游离氨基酸，8 种有机酸和 7 种糖/糖醇进行准确定量分析。Gorman 应用甲醇-氯仿-水溶液提取蘑菇粉中的极性物质和非极性物质。取极性物质（水相部分）用甲氧基胺盐酸盐衍生化后，用 GC-MS 进行分析，可检测到双孢蘑菇中 10 种氨基酸，9 种可溶性糖/糖醇和 10 种有机酸。

随着色谱和质谱技术的发展，会有越来越多的分析方法将应用于食用菌中多种呈味物质的同时测定。

5.3 食用菌风味的现代感官评价方法

风味是指人们在品尝过程中样品对口腔刺激而产生的气味、味道和化学感觉（例如疼痛、化学热）等的综合感觉。在食品的各种感官特性中，风味占有非常重要的位置，食品风味好坏直接影响到消费者的可接受性和购买行为。食品风味的形成一方面取决于食品的组成成分，另一方面食品加工过程也会产生大量风味物质，影响食品风味特性。

感官评价是食品科学研究最重要的工具之一，是用于唤起、测量、分析和解释通过视觉、嗅觉、触觉、味觉和听觉而感知到的食品及其他物质特征或性质的一门科学。感官评价最重要的特点是以人为"仪器"对产品进行测量，一方面可以感知产品的颜色、滋味、气味等特性，另一方面也可以评价产品所能引起人们的反应、接受度、偏好度等。虽然目前已经拥有非常先进和灵敏的分析仪器，但没有任何设备可以代替人的大脑与感觉器官对食品中的风味的分析。因此感官评价应用越来越广泛，成为食品工业中必不可少的质量检验手段。

随着生活水平的提高，人们对食品品质的要求越来越高。食用菌的感官评价可以为企业进行品种培育、质量控制、分级和相关新产品开发等提供信息，降低了生产过程中的风险。对于食用菌风味的感官评价主要包括外观、香味、口感、后味、质地五个方面。

当前常用的感官评价方法有差别检验、描述分析、情感测试三大类。在这三大类评定方法内，又包括很多子类评定方法。差别检验包括成对比较检验、三点检验、二-三点检验、"A"-"非 A"检验等。描述分析中有风味剖面、定量描述分析、质地剖面等。情感测试有成对偏爱检验、接受性检验和快感评分检验等。

5.3.1　差别检验

差别检测的目的是要求评价员对两个或两个以上的样品，做出是否存在感官差别的判断。差别检验的结果，是以做出不同结论的评价员的数量和检验次数为基础，进行概率统计分析。

5.3.1.1　成对比较检验

以随机顺序同时出示两个样品给评价员，要求评价员对这两个样品进行比较，判定整个样品或某些特征强度顺序的一种评价方法称为成对比较检验法或两点检验法。其检验可以是单边的，也可以是双边的。双边检验只需要发现两种样品是否存在差别，或者其中一个是否被消费者偏爱。单边检验是希望发现某一指定样品，例如 A 比另一种样品 B 具有较大的强度或者被偏爱。单边检验和双边检验的对比见表 5-4。

❊ 表 5-4　单边检验与双边检验对比

感官分析形式	差别成对比较法（属双边实验）	定向成对比较法（属单边实验）
呈送顺序	样品可能以 AA、AB、BA、BB 呈现，次数相同	样品以 AB 或 BA 呈现，概率相同
评价员要求	对评价员只需熟悉感官属性，不需接受属性的专门训练	对评价员要求高
方向性	检验是双边的	检验是单边的
适应范围	两个样品没有指定可能存在差别的方面	两个样品只在单一的所指定的感官方面有所不同

成对比较检验常用于食品的风味检验，根据实验目的决定采用单边检验或双边检验对样品进行评价。如只关心两个样品是否相同，则用双边检验；如具体知道样品的特性，如哪个更好，更受欢迎，则用单边检验。

其具体实验方法为：把 A、B 两个样品同时呈送给评价员，要求评价员根据要求进行鉴评。在试验中应使样品 A、B 和 B、A 这两种次序出现的次数相等，样品编码可以随机选取三位数字组成，而且每个评价员之间的样品编码尽量不重复。

5.3.1.2　三点检验

三点检验是一种感官评价常用的方法，用于两种产品间的差异分析。在检验中，同时提供一组三个编码样品，其中两个完全相同，另外一个样品与其他两个样品不同，要求评价员挑选出其中不同于其他两个的样品，

97

并利用数理统计的手段，对食品的感官质量进行全面综合评价的方法。该法实用性强，灵敏度高，结果可靠，能够确定两种产品之间是否存在整体差异。

举例：检验两个品牌的香菇酱（分别取待检样品 A 和 B，各三瓶）。

① 检验容器　一次性水杯，要求清洁、干燥；标签纸。

② 感官评价员　18 个品评人员参加检验，此前都参加过感官评价培训。评价员在开始评价前 30 min 要洁口，不吃味道浓厚或刺激性的食品；禁止吸烟和食用零食（包括咖啡）；不应将任何外来气味带入评价活动中，如烟草味、化妆品气味，这些气味会影响其他评价员。品尝每个样品前需使用纯净水漱口。在评价完一个样品后需间隔 10 min 后再评价下一个样品。

③ 实验设计　因为试验目的是检验两种产品之间的差异，所以我们将 α 值设为 5%。

④ 被检样品的准备（编号）　查随机数表，先获取所需的三位随机数，每个样品准备 3 个编号，填入表 5-5 中。提供足够量的样品 A 和 B，每 3 个检验样品为一组，按下述六种组合：ABB、AAB、ABA、BAA、BBA、BAB，从实验室样品中制备 18 个样品组，共 54 个，并按照表 5-5 在容器上对应标好号。

⑤ 品评检验　将按照样品准备表上的组合并标记好的样品连同评价单（图 5-20）一起呈送给评价员。每个评价员每次得到一组 3 个样品，从左到右依次品评，并填好问答表。在评价同一组 3 个被检样品时，评价员对每种被检样品可重复检验。

※ 表 5-5　样品准备表

班级：　　　　　　　　　　　　　组别：第　　组
样品类别：香菇酱　　　　　　　　试验类型：三点检验

样品情况	样品代码 A B	样品名称 仲景 李锦记	样品编号 397，259，934 412，294，862
评价员号	代表类型	号码顺序	
01	ABB	397、412、294	
02	AAB	259、934、412	

样品情况	样品代码 A B	样品名称 仲景 李锦记	样品编号 397，259，934 412，294，862
评价员号	代表类型	号码顺序	
03	ABA	259、862、934	
04	BAA	862、259、934	
05	BBA	412、294、397	
06	BAB	412、397、294	
07	ABB	397、412、294	
08	AAB	259、934、412	
09	ABA	259、862、934	
10	BAA	862、259、934	
11	BBA	412、294、397	
12	BAB	412、397、294	
13	ABB	397、412、294	
14	AAB	259、934、412	
15	ABA	397、412、259	
16	BAA	412、259、397	
17	BBA	294、862、934	
18	BAB	862、934、294	

三点检验

姓名：　　　　　　　　　　　日期：

试验指令：

　　在你面前有 3 个带有编号的样品，其中有两个是一样的，而另一个和其他两个不同。请从左到右依次品尝 3 个样品，然后在与其他两个样品不同的那一个样品的编号上划圈。你可以多次品尝，但不能没有答案。

图 5-20　三点检验评价单

⑥ 结果分析　将各评价员正确选择的人数（x）计算出来，然后根据三点检验正确响应临界值表（表 5-6）查出临界值 x_α，比较 x 和 x_α 的大小，从而判断两种产品是否有显著性差异，如果 $x>x_\alpha$，则说明两个产品有明显差异。

❋ 表5-6 三点检验正确响应临界值表

答案数目/n	显著水平			答案数目/n	显著水平			答案数目/n	显著水平		
	5%	1%	0.10%		5%	1%	0.10%		5%	1%	0.10%
4	4	—		33	17	18	21	62	28	31	33
5	4	5	—	34	17	19	21	63	29	31	34
6	5	6		35	17	19	22	64	29	32	34
7	5	6	7	36	18	20	22	65	30	32	35
8	6	7	8	37	18	20	22	66	30	32	35
9	6	7	8	38	19	21	23	67	30	33	36
10	7	8	9	39	19	21	23	68	31	33	36
11	7	8	10	40	19	21	24	69	31	34	36
12	8	9	10	41	20	22	24	70	32	34	37
13	8	9	10	42	20	22	25	71	32	34	37
14	9	10	11	43	21	23	25	72	32	35	38
15	9	10	12	44	21	23	25	73	33	35	38
16	9	11	12	45	22	24	26	74	33	36	39
17	10	11	13	46	22	24	26	75	34	36	39
18	11	12	13	47	23	24	27	76	34	36	39
19	11	12	14	48	23	25	27	77	34	37	40
20	11	13	14	49	23	25	28	78	35	37	40
21	12	13	15	50	24	26	28	79	35	38	41
22	12	14	15	51	24	26	29	80	35	38	41
23	13	15	16	52	24	27	29	82	36	39	42
24	14	16	18	53	25	27	29	84	37	40	43
25	15	16	18	54	25	27	30	86	38	40	44
26	15	17	19	55	26	28	30	88	38	41	44
27	15	17	19	56	26	28	31	90	39	42	45
28	16	18	20	57	26	29	31	92	40	43	46
29	15	16	19	58	27	29	31	94	41	44	47
30	15	17	19	59	27	29	32	96	42	44	48
31	15	17	19	60	28	30	33	98	42	45	49
32	16	18	20	61	28	30	33	100	43	46	49

5.3.1.3 "A" - "非A" 检验

在感官评定人员熟悉样品"A"以后，再将一系列样品呈送给这些评价人员，样品中有"A"，也有"非 A"。要求评价人员对每个样品做出判断，哪些是"A"，哪些是"非 A"。这种方法被称为"A"-"非 A"检验。

（1）**方法适用条件**　该方法本质上是一种顺序成对差别检验或简单差别检验。当样品的颜色、形状或大小与研究目的不相关时，经常采取"A"-"非 A"检验。样品在颜色、形状或大小上的差别必须非常微小，如果差别不是很微小，评价人员很可能将其记住，并根据这些外部的差异做出他们的判断。

（2）**对试验实施人员的要求**　提供评价人员第一个样品，要求评价，然后撤掉该样品，提供第二个样品，要求评价人员指明这两个样品感觉上是相同还是不同。"A"-"非 A"检验有 4 种呈送顺序（AA、BB、AB、BA）。这些顺序应在评价人员间交叉随机化，每种顺序出现的次数应该相同。

（3）**对评价人员的要求**　评价人员没有机会同时评价样品，他们必须在内心比较这两个样品，并判断它们是相似还是不同。因此，评价人员必须经过训练，以理解评分单所描述的任务，但不需要接受特定感官方面的评价培训。评价人员在检验开始之前也要经常通过明确认为是"A"和"非 A"的样品进行训练。

（4）**检验步骤**

① 检验前准备　检验评价前应让评价员对样品"A"有清晰的体验，并能识别它。

② 分发样品　随机向评价员分发样品，分给每个评价员的样品"A"或样品"非 A"的数目应相同。

③ 检验技术　要求评价员在限定时间内将系列样品按顺序识别为"A"或"非 A"，完成检验。

④ 评价记录　检验完毕，评价员将自己识别的结果记录在回答表格中。

⑤ 结果处理　卡方检验。

5.3.2　描述分析

描述分析是由一组合格的感官评价人员对产品提供定性、定量描述的感官检验方法。它是一种全面的感官评价方法，所有的感官（视觉、听觉、

101

嗅觉、味觉等）都参与描述活动。描述分析可适用于一个样品或多个样品，可以同时定性和定量地评价一个或多个感官指标。描述分析可以对产品提供完整的定性和定量特征描述。定性方面的性质就是该产品的所有特征性质，包括外观、气味、风味、质构和其他有别于其他产品的性质。定量分析从强度或程度上对该性质进行说明。两个样品可能含有性质相同的感官特性，但在强度上可能有所不同。描述分析主要有风味剖面法（定性）、定量描述分析法、质地剖面法、自由选择剖析法等。此处对前两种方法进行介绍。

5.3.2.1 风味剖面法

风味剖面法是对产品的风味和风味特性包括感知到的风味、风味强度，感知到的顺序、风味的余味（吞咽后留在腭上的 1 种或 2 种风味印象）等用词汇或印象进行描述的方法。

风味剖面法采用 6 名经过筛选并合格的评价员组成评价小组，他们先各自评价产品，然后在公开环节中对此进行讨论。一旦他们就产品描述达成一致，小组领导就可以将结果汇总到报告中。这种方法对产品开发技术人员的最大好处就是产生报告结果的速度非常快。

培训对象的筛选是基于面试和一系列的广泛筛选，包括感觉敏锐度、对产品评价的兴趣、态度以及能否出席评价等。其中一些要求是与大多数描述性评价方法相同的通用办法，通常来说人们在筛选评价员的方法上没有太大差异。在实践中，感觉敏感度测试仅局限于对基本的味觉和香气的敏感性，但这些技能与产品评价的相关性极小。尽管如此，它们在敏锐度方面提供了某种形式的个体差异。

在风味剖面法中，这个数据库是和态度方面的信息结合在一起的，并据此挑选出进行下一步培训的 6 名评价员，培训的内容包括了感觉方面的指导性信息以及对选定产品进行评估的直接经验。

这个方法的关键人物就是评价小组的领导，他承担了评价的协调工作，参与讨论、样品的准备和结果的报告。小组领导个人发挥着领导的角色，他指导小组中的对话并且基于结果得出大家一致同意的结论。如果没有一些独立的约束控制，小组领导将会对评价产生显著的影响。评价员可能在不知不觉中就同意了结论。此外，6 名评价员轮流作为小组的领导，将会对评价结果产生进一步的影响。尽管如此，作为一种感官测试，这种方法具有相当大的吸引力。因为一旦完成评价员的资质培训（大约 14 周），很快就能获得结果。评价员以小组的形式聚集到一起，评价产品的时间大约持续 1 小时，就其风味特征达成一致，然后提供给委托人一份结果。发明该方法的专家强调，基于评价小组专业的评判使该方法的结果可靠，同时避免了进行数据分析的必要性。

5.3.2.2　定量描述分析法

定量描述分析（quantitative descriptive analysis, QDA）为一种描述性分析测定方法，是由 Tragon 公司在 20 世纪 70 年代提出的。定量描述分析由 10～12 人组成的评价小组，对一个产品能被感知到的所有感官特性、强度、出现顺序、余味和滞留度以及综合印象等进行描述。描述结果通过统计分析得到结论。目前，定量描述分析技术已经广泛应用于食品感官评价。

不同于风味剖面法，定量描述分析是一种独立方法，数据不是通过一致性谈论而产生的。评价小组意见不需要达到一致，评价员可在小组内讨论产品特征，然后单独记录他们的感受。此方法不受评价小组组长和感官数据处理分析人员的干扰与指导，他们在感官分析过程中只起到组织协调的作用。

定量描述分析的主要过程如下。

① 评价员筛选　正式实验前，要通过味觉、味觉强度、嗅觉区别和描述等实验对品评人员进行筛选。并通过面试确定评价员的兴趣、参加时间以及是否适合进行品评小组评价这种集体工作。

② 培训　对筛选出的评价员进行培训，主要为描述词汇表的建立和熟悉。首先召集所有评价员对样品进行描述词汇汇总；然后分组讨论，对描述词进行修订，并给出定义；最终形成一份大家认可的带定义的描述词汇表。如样品已有固定的描述词汇表，只需要评价员对描述词和定义进行熟悉即可。

③ 正式实验　评价员单独评价样品，对样品每项性质（每个描述词汇）进行打分。使用标度通常为 15 cm 的直线，起点和终点分别处于距离直线两端 1.5 cm 处，评价员需在直线上代表该项性质强度位置处进行标记，实验重复三次以上。

④ 结果分析　收集评价员的评价结果，将结果转化为数值输入计算机。对结果进行方差分析，得到数据图，如蜘蛛网图、折线图、棒状图等。

定量描述分析法也应用于食用菌类产品的感官评价，例：孙连海采用定量描述分析法对三种市售香菇酱进行了感官评价，并绘制出了此三种香菇酱的蜘蛛网图（图5-21），结果表明，此方法能区别三种香菇酱的感官特性，适用于香菇酱的感官品质评价。

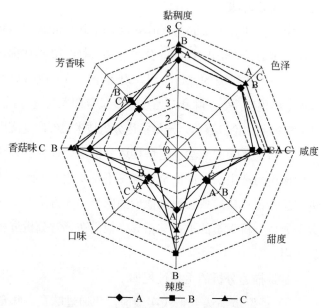

图 5-21　三种香菇酱 QDA 数据的蜘蛛网图

5.3.3　情感测试

情感测试的主要目的是比较不同样品间感官特性的差异性以及消费者对样品的喜好程度的差异。情感测试可分为偏爱测试和接受性测试两大类。偏爱测试要求评价员在多个样品中选出喜好的样品或对样品进行评分，比较样品的优劣；接受性测试要求评价员在一个标度上评估他们对产品的喜爱程度，并不一定要与其他产品进行比较。根据检验目的不同，可在两类测试中进行选择：如果是为了设计某种产品的竞争产品，则选用偏爱试验；如果是为了确定消费者对某产品的情感状态，即消费者对产品的喜爱程度，应使用接受性试验。偏爱测试主要有成对偏爱检验法、偏爱排

现代食用菌深加工

序检验法和分类检验法等；接受性测试主要有接受性检验、快感评分检验等。

5.3.3.1 成对偏爱检验

评价员比较两个产品，指出更喜欢哪个样品的方法就是成对偏爱检验。该项检验具有相当程度的直觉性，对评价人员要求较低。

在成对偏爱检验中，评价员会同时获得两个被编码的样品，要求评价员选择更偏爱的样品。通常要求评价员必须做出选择，但有时为了获取更多信息，则会增加"无偏爱"的选项。在结果分析时，无偏爱选项有三种处理方式：直接扣除选择"无偏爱"的评价员的数据；将"无偏爱"的选择各取一半，分别加入两个样品的结果中；将"无偏爱"选择按比例分配到相应的样品中。

5.3.3.2 接受性检验

接受性检验是感官检验中一种很重要的方法，主要用于检测消费者对产品的接受程度。通过接受性检验获得的信息可直接作为企业经营决策的重要依据，比其他消费者检验提供更直观的信息。因此，在新产品研究开发过程的不同阶段，经常要对开发出的产品进行接受性检验。

接受性检验根据实验进行的场所不同分为实验室场所、集中场所和家庭情景三种类型。不同类型接受性检验之间的主要区别是：检验程序、控制流程和检验环境不同。对食品进行接受性检验时，通常采用 9 点快感标度进行评价（图 5-22）。

非常不喜欢	很不喜欢	不喜欢	不太喜欢	一般	稍喜欢	喜欢	很喜欢	非常喜欢

图 5-22　9 点快感标度

举例：食用菌极易腐败，在贮藏过程中易发生水分流失和褐变。颜色是产品接受的一个基本方面，也是消费者观察的主要特征之一。为了了解消费者对不同贮藏温度下的蘑菇的颜色是否可接受，应用快感标度对不同贮藏温度下香菇颜色的接受度进行检验。

样品准备：在市场上购买新鲜香菇，挑选无破损香菇，使用自来水清洗，并用 200 mg/mL 氯水浸泡 10 min 消毒。使用清水清洗并去除表面水，包装。分别贮藏于 7℃、10℃、15℃的环境下，在贮藏 0、5、10、15 天时，进行感官评定。

感官评定：选取 20 位评价员成立评价小组，对香菇颜色接受度进行评价。采用 9 点快感标度进行评分。"0" 代表非常不喜欢，"9" 代表非常喜欢，6 为消费者可接受的界限值。

数据处理：根据评价员的结果计算每个样品平均得分。绘制曲线图见图 5-23。结果表明，低温贮藏可以延长香菇的货架期，并且保持较高的接受度。

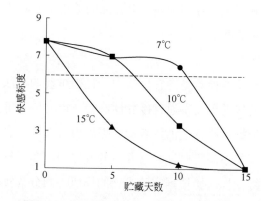

图 5-23　不同贮藏温度下香菇颜色的接受度

5.3.3.3　快感评分检验

快感评分检验法是评价员将样品的品质特性以特定标度的形式来进行评价的一种方法。采用的标度形式可以是 9 点快感标度、7 点快感标度或 5 点快感标度。标度的类型可根据评价员的类型来灵活运用，有经验的评价员可采用较复杂或评价指标较细的标度，如 9 点快感标度；如果评价员是没有经验的普通消费者，则尽量选择区分度大一些的评价标度，如 5 点快感标度。标度也可以采用线性标度，然后将线性标度转换为评分。在给评价员准备评分表时要明确采用标度的类型，使评价员对标度上点的具体含义有相同或相近的理解，以便于检验的结果能够反映产品真实感官质量上的差异，表 5-7 为快感评分检验法评分表。

评分检验法可同时评价一个或多个产品的一个或多个感官质量指标的强度及其差异。在新产品的研究开发过程中可用这种方法来评价不同配

方、不同工艺研发出来的产品质量好坏，也可以对市场上不同企业间已有产品质量进行比较。该方法可以评价某个或几个质量指标（如食品的甜度、酸度、风味等），也可评价产品整体的质量指标（产品的综合评价、产品的可接受性等）。

❀ 表 5-7　快感评分检验法评分表

快感评分检验法评分表

样品：

姓名：　　　　　　　　　　　　　　　　　日期：

请在品尝前用清水漱口，在您面前有 3 个数字编码的样品，请您依次品尝，然后对每个样品的总体风味进行评价。评价时按下面的 5 点标度进行（分别是：风味很好，风味好，一般，风味差，风味很差）。在每个编码的样品下写出您的评价结果。

评价的标度：风味很好

风味好

一般

风味差

风味很差

样品编码　　　273　　459　　837

评价的结果：（　　）（　　）（　　）

感谢您的参与

5.3.4　现代仿生技术应用于感官评价

5.3.4.1　电子鼻

电子鼻是模拟哺乳动物的嗅觉系统研制的一种人工嗅觉感受器，可用来分析、识别和检测复杂气味及大多数挥发性成分。电子鼻的研究始于1982 年。英国 Warwick 大学的 Persaud 和 Dodd 教授用多传感器系统模拟哺乳动物嗅觉系统中的多个嗅感受器细胞，并对几种有机挥发气体进行类别分析。经过 30 多年的研究，电子鼻系统逐步完善。

电子鼻与色谱仪等化学分析仪器不同，它获得的不是被测物质气味组分的定性或定量结果，而是物质中挥发性成分的整体信息，即气味的"指纹数据"。它显示了物质的气味特征，从而实现对物质气味的客观检测、鉴别和分析。电子鼻具有检测速度快、范围广、数据客观可靠和可重复性等优点，在食品感官研究中起到重要作用。它避免了感官评价中主观因素

107

的干扰，提高了检测的精确度。

5.3.4.2　电子舌

电子舌是模仿哺乳动物特别是人类的味觉系统研制的一种仪器。它主要由味觉传感器阵列、信号采集器和模式识别系统三部分组成。味觉传感器阵列相当于哺乳动物的舌头，由数种对味觉灵敏度不同的电极组成。信号采集器就像是神经感觉系统，它采集被激发的电信号并传输到电脑中。模式识别技术相当于大脑，对传输到电脑中的信号进行数据处理和模式识别，最终得到物质的味觉特征。

5.3.4.3　电子鼻与电子舌集成化

电子鼻中的气敏传感器阵列对检测环境的条件要求十分严格，干扰性气体、温湿度都会影响电子鼻的检测精度。电子舌价格昂贵，且其传感器有局限性，无法同时对多种类的样品进行详细检测。故而将二者结合使用，可以综合二者的特点并且规避部分缺点，更加准确地检测食品及其原材料。二者的联合应用可以完成许多单仪器无法完成的检测工作。

俄罗斯的研究人员开发出一种将电子鼻与电子舌相结合的新型分析仪器。该仪器测量探头的顶端是多种味觉电极组成的电子舌，而其底端是多种气味传感器组成的电子鼻。该仪器可以把电子鼻与电子舌生成的数据进行融合处理，反映被测产品的气味和味觉特征。

Edible Mushrooms

第 6 章

食用菌现代深加工技术与方法

6.1 深层发酵技术

现代生物技术的快速发展，为食用菌的开发研究开辟了广阔的领域和发展空间。利用液态深层发酵技术可以在较短时间内获得大量的食用菌菌丝体及其发酵代谢产物。据研究发现，食用菌液态深层发酵得到的菌丝体及发酵液所含的营养成分以及所具有的功效都与子实体相似，甚至超过了子实体，同时也较好地保持了子实体的独特风味，符合工业化生产要求。因此，采用液态深层发酵技术替代人工栽培技术，已成为现如今解决食用菌资源问题的一条新途径。

食用菌具有巨大的经济价值和研究前景，在抗肿瘤、抗氧化、提高免疫力方面有明显作用，同时在降血糖、降血脂、糖尿病及心血管疾病的治疗方面有显著疗效。但是子实体的人工固体栽培周期长、污染率高，易受周围环境限制，无法满足日益增长的市场需求。所以目前较为普遍的研究方法是借助菌丝体深层发酵来获得大量食用菌菌丝体。液体深层发酵技术具有发酵周期短、高产量、污染率低、不受周围环境限制、资源设备利用率高等优点，因而受到越来越多的研究者们的青睐。

食用菌液态深层发酵（简称深层发酵）是随着 20 世纪 40 年代中期抗生素工业的兴起而出现的，1948 年美国 Humfeld 等报道了液体发酵蘑菇菌丝体，以后食用菌的液体发酵得到迅猛发展。随后，许多食用和药用真菌的深层发酵获得成功。我国在 1958 年开始研究食用菌液体发酵，用于工业生产的食用菌有灵芝、蜜环菌、冬虫夏草、猴头、香菇、黑木耳、金针菇等。研究表明，液体发酵产生的菌丝体营养成分与栽培的子实体相比相差不多，而且某些菌丝体微量元素含量高于子实体。如金针菇的发酵菌丝体与栽培子实体相比，主要营养达到或超过子实体，并且锌含量较高。菌丝体发酵产生的多糖与子实体产生的多糖之间并未存在显著差异，而且有些情况菌丝体的多糖要比子实体多糖的质量好。液体深层发酵受种龄、接种时间、接种量、培养基的组成成分、培养温度、通风、pH 以及搅拌等因素影响。

液态深层发酵是指在发酵罐或圆锥瓶内，模仿自然界为食用菌的发酵

现代食用菌深加工

生长提供所需的糖类、有机和无机含氮化合物、无机盐等一些营养物质，培养基灭菌后接入菌种，通过不断通气搅拌或振荡，控制适宜的培养条件，使得菌丝体在液态深层处繁育的方法。根据操作方法的差异，液态深层发酵法又可以分为分批发酵法、分批补料发酵法和连续发酵法。其中，分批发酵法是指在一个密闭系统内一次性投入有限数量的营养物质后，接入适量的食用菌菌种进行培养，使食用菌在适宜的条件下生长繁殖，只完成一个生长周期的食用菌培养方法。该方法在发酵开始时，将食用菌菌种接入已灭菌的培养基中，在食用菌菌种最适宜的培养条件下进行培养，在整个培养过程中，除氧气的供给、发酵尾气的排出、消泡剂的添加以及控制 pH 需加入酸或碱外，整个培养系统与外界没有任何物质交换。分批发酵过程中随着培养基中的营养物质不断减少，食用菌菌种的生长环境条件也随之不断地变化，因此，食用菌分批发酵是一种非稳态的培养方法。在分批发酵过程中，食用菌的生长可以分为调整期、对数期、稳定期和衰亡期四个时期。分批补料发酵法是指在食用菌分批发酵过程中，间歇或连续地补加新鲜培养基的发酵方法，其中所补的原料可以是全料，也可以是氮源或碳源等，其目的是延长代谢产物的合成时间，从而提高发酵产量。连续发酵法是指在食用菌发酵过程中，向发酵罐中连续补加新鲜培养基的同时，连续放出老化培养基的发酵方法。

食用菌深层发酵技术又称液体培养或液体发酵。在发酵过程中，培养基的选择、接种量、温度、pH、通气量等因素是食用菌液体深层发酵技术成功与否的关键。整个发酵工艺采用逐级扩大的模式，一般为试管斜面菌种→一级摇瓶培养菌种→二级培养小型发酵罐→大型发酵罐。食用菌深层发酵的目标产物有两个：一是液体菌种，代替固体菌种投入生产获得子实体；二是菌丝体及其代谢产物，获得子实体无法产生或含量高于子实体的生理活性物质。目前，食用菌深层发酵主要是为了获取风味物质和特殊代谢产物。

6.1.1 食用菌深层发酵技术概述

食用菌种类不同，所使用的培养基也不同，因此，进行食用菌培养液体深层发酵技术研究的关键是培养基的选择与配制。培养基的组成主要为碳源、氮源、无机盐、微量元素、维生素等。若培养基的组成均为天然有机物，则为天然培养基；合成培养基则采用已知化学成分的营养物质。碳源、氮源作为基本组成成分，其对菌丝生长的影响也较为显著。例如，碳源不足易引起菌体衰老和自溶；过多的氮源则会引起菌丝旺盛生长，影响代谢产物的积累；碳、氮比不当，菌丝吸收营养物质的比例也会受到影响。研究发现在氮源的选择和使用上同一种原料来自不同产地，其营养成分差异较明显，如玉米粉、大豆粉、蛋白胨等。水质对发酵生产的影响也很大，不同来源的水质中所含溶解氧、金属离子及酸碱度均有差异。培养基中还原糖、氨基酸和肽类物质在高温（或高压）灭菌下会被破坏，形成 5-羟甲基糠醛及类黑精等物质。高等真菌液体深层发酵过程中，细胞密度增加、菌体形态改变的同时胞外代谢产物不断形成积累；随着时间的推移，发酵液的黏度逐渐增加，随之出现氧溶解传递、二氧化碳排放等问题。在黏真菌深层发酵过程中黏度的增加不可避免，且不利于菌体的获得和目的代谢产物的积累。

6.1.2　食用菌深层发酵的特点

（1）生长周期短，产量高　在食用菌液体深层培养中，通过人工控制发酵条件，使菌丝细胞处于最适宜的生长环境，一般仅需 3～10 天，即可累积大量菌丝体和具有生理活性的代谢产物。另外，它不受季节限制，生产工艺规范，营养成分利用率高，利于实现连续自动化生产。

（2）液体深层发酵培养产生的活性物质多　有研究表明，深层发酵获得的菌丝体在营养成分和生理功能上与野生子实体相近，甚至高于子实体的营养价值。荷叶离褶伞菌丝体中蛋白质含量，粗多糖含量，氨基酸种类（分别为28.3%，3.55%，18 种）均高于该菌子实体（分别为 21.4%、1.77%、17 种）；松乳菇发酵得到的菌丝体与野生子实体相比，营养成分相近，但蛋白质和多糖含量（分别为 26.16%、17.54%）也高于其子实体（分别为21.27%、14.89%）。对灵芝、冬虫夏草和灰树花等的研究均表明，深层发酵获得的菌丝体营养价值均高于其子实体，而且灰树花发酵的菌丝体中重金属 As、Pb 含量明显低于子实体，说明深层发酵获得的菌丝体使用起来更安全。对冬虫夏草等名贵食用菌来说，天然虫草产量极低，资源紧缺，

现代食用菌深加工

尚无法人工栽培获得野生子实体，故可使用液体发酵来生产虫草菌丝体代替子实体。因此，采用液体深层发酵技术获得的菌丝体含有的活性物质品种多、产量高，可以替代子实体进行产品的深度开发。

（3）深层发酵能有效地减少菌体污染 深层发酵周期短，环境条件控制严密，有效降低了菌体受污染的概率。另外，液体菌种接入固体培养料时，具有流动快、易分散、发菌点多、萌发快等特点，能有效地降低袋栽食用菌在接种以及菌丝萌发过程中的污染。

6.1.3 食用菌深层发酵技术意义

探索食用菌液体深层发酵的条件具有重要意义。液体深层发酵技术属于现代生物技术，直接生产食用菌菌体的同时获得富含多糖、氨基酸等营养成分的发酵液。真菌液体发酵技术可以在短时间内获得大量菌丝体及其发酵产物，在深层培养过程中会产生多糖、生物碱、萜类化合物、甾醇、等多种生理活性物质，并具有抗癌、抗肿瘤、提高免疫功能的作用。液体深层发酵技术具有周期短、产量高、成本低、工艺设备简单等优点，广泛应用于医药工业和食品饮料工业中。

相对于传统的食用菌生产方式，液态深层发酵技术有着明显的优越性，由于在反应器中，食用菌菌丝体始终在最适的生长温度、碳氮比、酸碱度以及空气等环境中生长，新陈代谢旺盛，菌丝分裂迅速，在短时间内即可获得大量菌丝体以及代谢产物。羊肚菌在液态深层发酵过程中，会产生多种活性物质如核酸、酶、维生素以及植物激素等，这些物质具有降血脂、抗疲劳、抗病毒、抗辐射以及抑制肿瘤生长等诸多生理功效。以羊肚菌液态深层发酵得到的菌丝体和发酵液为主要原料，提取活性成分，可以明显降低生产成本，提高生产效率。目前，液态深层发酵技术除了在液体菌种、医药工业、饲料、污水处理等方面有所应用外，还被广泛应用于食用菌功能性食品工业中。

食用菌深层发酵技术在子实体栽培、菌丝体培养以及真菌多糖提取等方面已经实现规模化生产。不仅菌丝体生长速度快、营养利用率高，获得的菌丝体具有多种营养成分和生物活性物质，甚至在发酵液中也含有相当丰富的初级代谢产物（如多糖类、类脂、有机酸类、氨基酸、蛋白质、核苷酸、核酸等）和次级代谢产物（如色素、抗生素、植物生长因子、生物碱等）。随着发酵技术、分离提取技术和结构测定技术的不断发展，这些具有重要价值的代谢产物的结构和功能得以研究开发，这为人类开发新型的医药、农药、保健食品、新型饲料，拓展工业应用领域等提供了重要的新资源。但在利用食用菌发酵液来促进植物生长及病虫害防治、研发抑菌性生防产品和食品防腐产品、循环利用各种废水废渣等方面，仅处于实验室研究水平上，还需要通过大量的试验和进一步的探索才能使该技术得到推广和应用。

6.2　超微粉碎技术

超微粉碎技术是近年来迅速发展形成的一种新兴的高科技工业技术，该技术在发达国家被广泛应用于医药、化妆品、冶金、食品、航天航空等国民经济领域及军事领域。超微粉碎可以显著改变原材料的结构和比表面积等，产生一些突出的特性，如微尺寸效应、光学性能、磁性能、化学和催化性能等。与传统机械加工方法相比，超细粉末还可以改善原料的物理化学性质，如，更好的水合特性和流动性，更高的体内或体外生物利用度和生物活性，更强的自由基清除活性，更低的界面张力，更佳的风味和口感等。鉴于其独特的潜力，超微粉碎技术已经引起广泛关注，尤其在食品新功能原料研发领域。

按照研磨介质的不同，食品超微粉的生产方法主要分为干法和湿法两种。根据不同原材料性质的不同，已经开发出许多不同的超微粉碎方法，如气流粉碎、球磨粉碎、胶体磨粉碎、高压均质粉碎、微流化粉碎、高速均质粉碎、超声波粉碎、滚筒粉碎以及高速旋转打击粉碎等。除此之外，一些特殊用途的超微粉碎新技术和设备也相继被开发，例如，气溶胶流动涡流粉碎、真空超微粉碎和低温粉碎等。这些新技术的研究与开发对于预防食用菌原料中易感组分的氧化和挥发有着重要的作用。

超微粉碎技术通过超微粉碎机强有力的剪切、冲击、碰撞等来破碎食品物料，从而加工成不同粒径的粉体，满足人们的需求。超微粉碎后，食品物料的粒径通常可以达到三个等级：微米级（1～100μm）、亚微米级

（0.1～1 μm）以及纳米级（0.001～0.1 μm）。超微粉碎技术的原理主要是通过降低食品物料的粉体粒度，改变其化学成分和破坏其内部结构，从而改善食品的感官品质及化学特性。超微粉碎能够使食品物料的粉体粒径变小、比表面积增大，能够通过粉碎程度而适度改善食品的溶解性、分散性、吸附性、生化活性等，使食品的口感更加细腻，消化性得到增强。随着超微粉碎技术的日益完善与发展，有许多难以被人们充分利用的物质发生了变化，粉碎使它们的理化特性、加工特性得到了明显的改善，一些之前不能被人类利用的功能性成分也变得能被人体吸收。在食品工业领域，超微粉碎技术不仅可以改善口感，有利于营养物质的吸收，还可以将原本不能被充分吸收、不能被回收利用的原料重新利用。超微粉碎技术不仅开发了新型产品，扩大了市场，更提高了自然资源的利用率。

6.2.1 超微粉体的粉体特性

（1）**表面效应**　超微粉碎可赋予粉末一些突出的理化特性，包括表面效应、尺寸效应、光学性能、力学性能及化学性质等。物料的表面原子和内部原子所处的环境不同，当粉体粒径远大于原子直径时，表面原子可以忽略，但当粒径逐渐接近于原子直径时，这时晶粒的表面积、表面能和表面结合能等都发生了很大的变化，人们把由此而引起的种种特异效应称为表面效应。随着超微粉体粒径的减少，表面原子数迅速增加。例如，当粒径为 10 nm 时，表面原子数为完整晶粒原子总数的 20%；粒径为 1 nm 时，其表面原子数增加到 99%。由于表面原子周围缺少相邻的原子，有许多悬空键，具有不饱和性，易与其他原子相结合稳定下来，故表现出很高的化学活性。随着粒径的减少，纳米材料的表面积、表面能及表面结合能都迅速增大。

（2）**体积效应**　相比于传统的粗粉碎技术，超微粉碎可以实现粉末粒径的微粒化，一般可将物料颗粒的粒径粉碎至 10～5 μm，甚至可粉碎至亚微米级和纳米级。随着现代食品工业的发展，超微粉碎技术可在干燥、密封以及低温环境下操作完成，这有利于实现粉末在短时间内被粉碎成均匀的微小颗粒。超微粉碎后的粒度分布更小、更均匀，那些与体积密切相关的性质发生变化。

（3）**光学性质** 当物料的晶粒尺寸减小到纳米量级时，其颜色大都变成黑色，且粒径越小，颜色越深，粉体的吸光过程还受其能级分离的量子尺寸效应和晶粒及其表面上电荷分布的影响，由于晶粒中的传导电子能级往往凝聚成很窄的能带，因而造成窄的吸收带。

（4）**化学和催化性能** 超微粉体由于粒径的减小，表面原子数所占比例大，吸附力强，因此具有较高的化学活性。物料颗粒的细微化导致物料表面积和空隙率增加，从而使超微粉体具有独特的理化、功能特性，具有较好的提取效率、吸附性、溶解性、固香性和生物利用率。

（5）**实现资源的有效利用** 针对一些富含营养的植物的根和茎秆、动物的骨壳部分以及一些果蔬加工后的废渣等，其可食性低，且难以直接消化吸收。利用传统的粉碎技术也难以实现其口感细腻及功能性最大化。超微粉碎技术可实现此类型原料的深加工，实现资源利用最大化，推动新产品的开发。超微粉碎可以改善具有良好营养功效的废弃物原料的可食性和营养性，进而扩大其利用范围。

超微粉碎加工技术应用于食用菌加工处理已成为研究的热点。超微粉碎不仅不会破坏食品中的营养成分，还会在一定程度上提高食品的理化性能、食用品质等。超微粉碎能在不同程度上改变食品的物理化学特性，使加工后的食品口感更加细腻，提高感官品质。

不同的粉碎方式，会导致食品的内部结构、营养种类及含量不同，但却在一定程度上提高了有效成分的溶出率。超微粉碎不仅不会破坏食品中的营养成分，还会在一定程度上增加功能性成分的溶出量。超微粉碎能够改变粉体粒径、提高口感，并且随着超微粉碎程度的增加能够显著提高抗氧化活性。

（6）**提高原料利用率及生物有效性** 物料经过超微粉碎后，颗粒粒度减小导致表面积和孔隙率增加，因此微粒表面的晶体结构和分子排列会发生变化，赋予超微粉体独特的理化性质。由于细胞破壁比较充分，可以提高原料中有效成分的溶出。超微粉碎物料可溶性成分在胃液的作用下溶解，在小肠部分开始被吸收，由于超微粉体的吸附性较强，物质排出时间较长，因此还可以提高吸收率。水不溶性成分的物料经超微粉碎处理后，物料细度的增加可以增强其体积效应和表面效应，使生物利用度提高。

现代食用菌深加工

6.2.2 气流超微粉碎技术

气流超微粉碎技术的原理是通过高速气流带动粉体颗粒加速，并使具有较高动能粒子相互摩擦、碰撞以及瞬间破裂使样品达到粉碎的效果，再通过适当分级机筛选循环从而达到超微粉碎的目的。与常用普通的机械式超微粉碎机相比较，气流超微粉碎机可将产品粉碎得更细，粒度分布范围更窄，粒度大小更均匀。传统粉碎技术最大程度上只能将物料粉碎至 45 μm 左右，而气流超微粉碎可将 3 mm 以下的物料粉碎至 10～25 μm。

气流超微粉碎技术是将经过空气压缩机压缩的高压气体通过超音速喷嘴加速成大约 2 倍音速的气体，再将其通入物料粉碎机内，使待粉碎物料流态化，物料颗粒在气流的高速带动下，在物料与气流交汇处发生相互冲击碰撞以达到粉碎目的，粉碎后的物料被上升的气流传送到分级区，在分级区里由超微细分级器分选并由高效旋风收集器收集所需细度的粉体。物料的粉碎和分级可以同时进行，很大程度地提高了粉碎和分级工艺过程的作业效率，未被分级器分选的粒度较粗物料又重新返回粉碎区进行循环粉碎，连续进行出料生产过程。

气流超微粉碎技术的优点是粉碎力度大，所得粉体细度高、无污染，适用于具有高纯度、高硬度以及有一定黏度样品的超微粉碎。超微粉碎技术很大程度地提高了微粉食品的空隙率，这些空隙可以长时间吸收容纳香气成分，起到了保存香气的效果。超微粉碎可使食品加工技术与生产工艺发生巨大变化：例如日本、美国市售的冻干水果粉、果味凉茶、超低温速冻龟鳖粉等。使用气流超微粉碎可大大增加黑木耳粉中多糖等一系列营养成分与微量元素溶出率，提高黑木耳粉的吸收利用率，非常适于在黑木耳粉碎过程中应用。

6.3 热泵干燥技术

热泵烘干系统一般由热泵系统和烘房系统组成，热泵系统主要部件为压缩机、冷凝器、节流阀、蒸发器。烘房系统主要由循环风机和回风通道以及排湿风机组成。热泵通过消耗小部分的电能（或其他高位能）使制冷工质在热泵系统内循环，将环境或其他的废热余热中的低位热能转化为可用于烘干的高位热能，高位热能则传递给干燥介质，干燥介质在烘房系统内循环加热烘干物料（图6-1）。

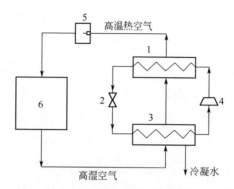

图6-1 热泵干燥工作原理

1—冷凝器；2—节流阀；3—蒸发器；4—压缩机；5—风机；6—干燥室

热泵烘干是一种将低位热源转移为高位热源的烘干技术，对环境几乎没有影响，且能耗低，无污染，节能环保，符合当前能源政策和发展趋势，成为国内外学者研究的热点。

（1）**节能效果好** 热泵干燥是通过转移环境或废热中的能量对物料进行烘干，从能量转移角度来看，热泵所产生的热能是其消耗的电能加上转移的热能，是高效节能的，单位能耗除湿量范围在1～4 kg/（kW·h）之间，平均值为2.5 kg/（kW·h）。

（2）**干燥范围广** 热泵干燥所提供的温度范围是−20℃～100℃（加辅热设备），相对湿度范围是15%～80%。较宽的温湿度范围使热泵干燥可以用于多种物料的干燥。

（3）**便于自动化控制，参数可控性强** 热泵干燥相对于传统的燃煤燃木材等干燥有着便于控制的优势，自动化程度高，可以较大地提高工作效率。

（4）**干燥产品品质好** 热泵干燥的过程中，物料表面水分和内部水分的蒸发速率非常相近，接近于自然的干燥过程，是一种较平稳的干燥途径。另外，干燥过程处在一个封闭的环境中，减少物料的受热变质及变色，减少了其风味物质的流失。相比传统的干燥，热泵干燥能更好地保护被烘干

现代食用菌深加工

物品的颜色、香气、味道、外观形态和有效成分，所以烘干后的物品品质好，等级高。

（5）对环境较为友好　热泵干燥使用的清洁能源，整个过程不产生污染物，较传统的燃煤和木材的干燥能够很好地保护环境。

热泵干燥工作原理如图6-1所示：整个干燥装置主要由热泵和干燥系统组成。热泵系统通常由蒸发器、冷凝器、压缩机和节流阀组成，用以从周围热源传导热量；而干燥室可以装配托盘、流化床或带式运输机。热泵设备和物料位于隔热的密闭干燥室内，连续循环的热干空气带走物料的水分使之脱水，同时吸水的湿空气通过蒸发器冷凝，释放出汽化热传递给蒸发器中的制冷剂，这部分热量用于重新加热通过冷凝器的干冷空气使之成为热干空气继续循环。在热泵干燥设备运行过程中，吸入物料水分的湿热空气的热量在蒸发器处被吸收，迅速冷却到露点以下，导致空气中的气态水凝结析出。该过程回收的潜热（约2255 kJ/kg 冷凝水）在冷凝器制冷回路中释放，用于重新加热干燥器内的冷干空气。该系统完全循环，热效率接近100%。冷凝水以液态而不是气态形式被排出，可以回收利用大部分的汽化热，而只损失少量的显热。在实际设计中可以对该系统作一些改进，以使热效率最大化，如附加局部蒸发器旁路系统和额外的热交换器。

热泵干燥与常规干燥方法相比，热泵干燥设备可以采用先进的控制装置与元件，可以在一定范围内对循环空气的温度、循环流量及湿度进行调控，使得物料表面水分的蒸发速度与物料由内向外的迁移速度基本一致，从而保留了干燥物料原有的色泽、风味及营养成分，使干燥产品品质优良。另外热泵干燥设备自动化程度高，较灵活的调控范围能够对多种物料进行加工干燥。热泵干燥采用不会对大气臭氧层造成损坏的环保制冷剂，热泵在封闭的状态下循环工作，干燥过程没有任何废气、废液、物料粉尘、挥发性物质及异味的排放，有利于环境保护。热泵干燥生产过程连续，工作周期长，但热泵干燥能通过降低设备运转成本及提高生产效率，满足生产需求。由于热泵是一种从低温热源吸收能量，在高温下转化为有用能源的装置，因而具有高效节能的优势，其节能一般达30%以上，这也是热泵干燥尤为突出的优势。

热泵干燥机从根本上说其实是对流干燥设备，利用热空气的对流传递热量。相较于液体或半固体物料来说，它更适合干燥固体物料。为了得到更高的干燥效率和更好的干燥质量，热泵干燥常与其他干燥方式联用，如热泵流化床已应用于生物活性物质干燥。进一步的研究期望将低廉的热泵干燥应用于生物活性物质的干燥方面，同时达到像昂贵的冷冻干燥一样的效果，即保持其生物活性和酶活性。对于包括食品在内的敏感物料，利用气调热泵进行干燥将是另一重要发展趋势。一些氧敏感物料中的风味物质和脂肪酸在干燥过程中由于接触空气中的氧而经历氧化反应，导致风味、颜色和复水率的退化。如果使用气调热泵使惰性气体代替空气就可以避免物料的氧化反应而改善干制品品质。同时有必要充实物料的物理特性数据，以提供模型常数来发展适合于热泵干燥的数学模型。这些数据不仅可以用于改善干燥设备的设计和控制，还能用于不同干燥食品标准的设置。

热泵干燥技术在较低的温度下进行果蔬脱水，干燥过程中不易发生热敏反应、氧化变质等问题，制品的颜色、风味、营养成分等损失较少。热泵干燥技术可根据不同果蔬的脱水特性，选择不同的温度及热泵系统内空气的湿度，从而生产出高质量的脱水产品，热泵干燥农产品的颜色和风味优于传统热风干燥产品。热泵系统利用更少的矿物燃料达到更高的能效，符合可持续发展的理念。

6.4 真空冷冻干燥技术

真空冷冻干燥，也称"冻干"，是先将经过一定处理的物料的温度降到共晶点温度以下，使物料内部的水分冻结，变成固态的冰，然后适当抽取干燥仓内空气达到一定的真空度，以及在对加热板进行加热达到适当的温度下，使冰升华为水蒸气，再用真空系统的捕水器或者制冷系统的水气凝结器将水蒸气冷凝，从而获得干制品的技术。干燥过程是物料内水的物理状态的变化及其移动的过程，由于这种变化和移动是发生在低温低压下，因此，真空冷冻干燥的基本原理就是低温低压下传热传质的机理。

现代食用菌深加工

6.4.1 真空冷冻干燥过程

可分为预冻、升华干燥和解吸干燥三个阶段。

6.4.1.1 预冻

真空冷冻干燥的第一步就是预冻，将食用菌组织中的自由水固化成冰，确保干燥前后的产品具有相同的形态，防止食用菌在进行抽真空干燥时发生收缩等不可逆变化等现象。食用菌先预冻，再抽真空。冷冻速度对于冰晶的形成有明显影响，进而直接影响升华干燥速度和风味物质的保留。当采用急速冷冻时，通常细胞壁内外均出现众多细小冰晶或出现玻璃体态。玻璃体态水是一种无定形状态水，其生成有利于维持生物细胞壁免受破坏，进而可获得优良的干燥制品。

（1）预冻温度 预冻温度必须低于具体食用菌品种的共晶点温度，不同种类和品种的食用菌的共晶点温度不同，必须由实验测定。实际制定工艺曲线时，一般预冻温度要比共晶点温度低5～10℃。测定食用菌共晶点、共熔点的方法有电阻法、差示扫描量热法（DSC）、低温显微镜直接观察法和数字公式计算法等。

电阻法：当食用菌组织中游离水完全冻结时，所溶电解质离子固定于某一位置而不能移动，物料失去导电性，表现为电阻突升为无穷大，此温度即为共晶点温度。共熔点的测定原理与共晶点的测定原理相同，冻结物料温度上升过程中，到达某一温度时电阻突然减小，此温度即为共熔点温度。

差示扫描量热法：在温度程序（升温或降温）控制下，测量输送给样品和参比物质的能量差值与温度之间的关系来确定样品热特性（如共晶点、共熔点）的一种方法。

（2）预冻时间 食用菌组织的冻结过程是放热过程，需要一定时间。在达到预定的预冻温度后，需要保持一定的时间，以确保食用菌组织全部冻结。根据冻干机、冻干物料和总装量等条件的不同，预冻时间则不同，具体时间通过实验确定。

（3）预冻速率 食用菌组织预冻时在其内部形成的冰晶大小会影响干燥时间和最终干制食用菌的复水性。大冰晶升华快，但干制食用菌复水较慢；小冰晶升华慢，但干制食用菌复水快，能保持产品原来结构。缓慢冷冻产生的冰晶较大，而且会对生命体产生影响，所以为避免这一现象，从冰点到物质的共晶点温度之间需要快速冷却。

6.4.1.2 升华干燥

升华干燥也称第一阶段干燥，将预冻后的食用菌从冷阱处移至加热搁板的适当位置，并进行抽真空，加热。此时食用菌组织内的冰晶就会产生升华现象，冰晶从外表面开始逐步向内推移，外层冰晶升华后残留下的孔隙便成为升华水蒸气的逸出通道，在升华干燥阶段约除去全部水分的 90%。

（1）**升华时的温度** 食用菌组织中冰的升华在升华界面处进行，升华时所需的热量由加热设备（搁板）提供。从搁板传来的热量由下列途径传至物料的升华界面：①固体的传导，由容器底（或承载物料的托盘）与搁板接触部位传到物料的冻结部分到达升华界面。②热辐射，上搁板的下表面和下搁板的上表面向物料干燥层表面热辐射，再通过已干燥层的导热到达升华界面。③对流，通过搁板与物料表面间残存的气体对流。

（2）**升华时的温度限制** 升华时受下述几种温度限制：①食用菌组织冻结的温度应低于物料共晶点温度；②食用菌升华干燥的温度必须低于其崩解温度或允许的最高温度（不烧焦或不变性）；③最高搁板温度。当温度上升到一定数值时，干燥部分构成的"骨架"刚度降低，变得有黏性而塌陷，封闭了已干燥部分的海绵状微孔，阻止升华的进行，升华速率减慢，所需热量减少，食用菌组织发生供热过剩而熔化报废，这种现象称为崩解。发生崩解时的温度称为崩解温度，主要由食用菌的组成成分和物料特性所决定。在食用菌冻干时，为了避免因搁板温度过高而产生变性或烧坏，搁板温度应限制在某一安全值以下。

（3）**升华速率** 在真空冷冻干燥过程中，水分在物料内部以固态冰通过升华界面后，以水蒸气的形式从升华界面透过干燥层向物料表面转移，再从物料表面通过干燥箱空间输送到水气凝结器，其中任一阶段的速率都将影响整个传质的速率。在冷冻干燥物料时，若传给升华界面的热量等于从升华界面逸出的水蒸气升华时所需的热量，则升华界面的温度和压力均达到平衡，升华正常进行。若供给的热量不足，水的升华夺走了物料自身

现代食用菌深加工

的热量，将使升华界面的温度降低；若逸出物料表面的水蒸气慢于升华的水蒸气，多余的水蒸气聚集在升华界面将使其压力增高，并使升华温度提高，最后将导致物料不易干燥。

6.4.1.3　解吸干燥

此阶段为第二阶段干燥。在此阶段物料内部还含有一部分难以除去的水——结合水，这些水分是未被冻结的，而这些水分的存在不利于冻干物料的储存，会引起变质、霉变等。而解吸干燥阶段正是将物料内大部分的结合水去除，以保证物料的干燥，延长保存期。由于这一部分水的吸附能量高，如果将它们从中解吸出来，根据能量定律，就需要给予它们足够高的能量，因此此时需要继续加热，但是温度要控制在崩解温度以下。同时，为了使解吸出来的水蒸气有足够高的推力溢出产品，必须使产品内外形成较大的蒸气压差，因此该阶段干燥仓内应保持较高的真空度。终点的确定经常采用三种方法，即压力升高法、温度趋近法和称重法。

压力升高法是将真空室与冷阱之间的通道关闭，干燥仓内的压力必随之升高，压力升高速率与残余水分含量有很大的关系，通过压力升高的快慢确定物料残余水分含量的多少。由于压力升高速率也与物料数量和真空室的大小有关，所以，这种方法在实际应用时有些困难。

温度趋近法是在冻干末期观察物料温度，如果物料干燥彻底，那么物料的温度必然趋近于加热板的温度，所以，加热板与物料之间的温差与物料的水分含量有很大的关系。虽然冻干过程中物料确切温度的测定是一件十分细致的工作，但是如果采用标准统一的测温技术，那么测得的物料与加热板之间的温差读数足以满足要求。由于测温容易统一化、标准化，因而这种技术得到广泛的应用。

称重法是在干燥过程中连续地或定期地称量物料的质量。每克物料的失重率与物料的水分含量有很大的关系。这种方法适合于实验室用的实验冻干机。而在工业生产中，在冻干过程中对物料进行称重就不那么可行。

6.4.2　真空冷冻干燥食用菌的特点

新鲜食用菌质地细嫩，采收后鲜度迅速下降，从而会引起开伞、菌褶褐变、菇体萎缩等，影响风味和商品价值。由于新鲜食用菌不易贮存，若将其干燥则其附加值倍增。真空冷冻干燥通过对新鲜食用菌预先冻结，并在冻结状态下，将新鲜食用菌组织的水分从固态直接升华为气态，达到去除水分的目的。真空冷冻干燥法加工的脱水食品与其他干燥方法（自然风干、晒干、热风干燥、远红外干燥等）加工的脱水食品相比，有如下特点。

① 食用菌经真空冷冻干燥，能最大限度地保留新鲜食品的色、香、味和营养成分。真空冷冻干燥是在低温、真空状态下进行的，避免了热敏反应和氧化作用。真空冷冻干燥对营养成分无损害，脂溶性维生素完全不受影响。

② 食用菌冻干后能够更好地保持原来的外观结构，有利于加工成极细的粉状等用于深加工。

③ 经过真空冷冻干燥的食品具有优良的复水性。冻干产品保持原物料的体积形状和多孔结构，食用时能迅速吸水，最大程度还原成冻干前的新鲜状态，与其他干燥方法制得的产品相比，具有更好的复水性和复原性。

④ 冻干过程是一个真空低温脱水过程，抑制了氧化变质和细菌繁殖，同时加工过程不添加任何防腐剂，是理想的天然卫生食品。

⑤ 食用菌冻干后保存性好，贮藏、运输和销售方便。冻干食品脱水彻底，含水量低（2%～5%），重量轻，一般在控制好相对湿度的情况下存放一年乃至数年以上，且贮运销售均可在常温进行，无需冷链支持。冻干食品采用真空或充氮包装和避光保存，可保持 5 年不变质。真空冷冻可以延缓蘑菇的褐变程度，游离氨基酸的保留量也较高。

表 6-1 所示，真空冷冻干燥无论在产品的感官品质还是在产品的性质方面都优于热风干燥，其复水比也明显大于热风干燥的产品。从干制品复水后的质地来看，真空冷冻干燥产品饱满，而且质地偏软，复水后基本能恢复到新鲜样品的质构，保持新鲜样品原有的色、香、味、形。

※ 表6-1 两种干燥产品性质的比较

干燥方式	干制品感官现象	复水后感官现象
真空冷冻干燥	菇体色泽均一、组织疏松，无明显收缩现象，有气室	有新鲜香菇特有的香气，能在短时间内复水，菇体饱满，产品质地较软，接近鲜香菇
热风干燥	菇体发黄，组织致密，收缩严重，几乎无气室	有熟化味，复水时间长，且菇体仍有卷曲，质地仍较硬

图 6-2 为真空冷冻干燥设备图。

图 6-2　真空冷冻干燥设备图

6.5　挤压膨化技术

食品挤压膨化技术是集混合、搅拌、破碎、加热、蒸煮、杀菌、膨化及成型等为一体的高新技术,物料被送入挤压膨化机中,物料在高温、高压、螺杆高剪切力作用下发生一系列变化,形成形态均匀的熔融体,当从模孔中喷出的瞬间,在强大压力差的作用下,此时物料中的水分会急剧气化,从而产生巨大的膨胀力使物料瞬间被膨化,形成疏松多孔状结构的产品。以其应用广泛、原料利用率高、营养损失小、环境友好等诸多优势,在食品行业中得到了广泛的应用。

双螺杆挤压机是实现食品挤压技术的主体设备载体。双螺杆挤压机具有原料适用性广、产品种类多、生产设备简单、占地面积小、耗能低、生产效率高、无污染等优点,是一种连续式高效生化反应器,具有连续、短时、高温、高压、高剪切力等特点。

6.5.1　挤压膨化技术的原理

食品挤压膨化技术是将食品物料置于挤压机的高温高压状态下,然后突然释放至常温常压,使物料内部结构和性质发生变化的过程。挤压机的膨化机理主要从水气化做功和气体膨胀做功两方面分析。前人将这一过程总结为:物料从有序变到无序、气核生成、模口膨胀、气泡生长和生长停止或收缩五个阶段。

挤压膨化是通过热能、剪切和压力等综合作用，使水分在喷出模口时瞬间气化对食品进行膨化的一种技术，是一个短时的高温、高压的加工过程。当物料进入模头前，熔融态的物料完全呈流体状态，最后由模孔被挤出瞬间到达常温常压状态，物料的体积也瞬间膨化，致使食品内部淀粉体爆出许多微孔，体积急剧膨胀，形成质构疏松的膨化食品。挤压机内螺杆、螺旋不断转动，物料进入挤压机后，随着螺杆、螺旋的转动被向前输送，由于螺杆与物料、物料与机筒及物料之间的强烈摩擦使物料进一步细化、均化，随着机筒内压力的逐渐增大，温度逐渐升高，加之挤压机套筒外加的热量使物料处于高温、高压、高剪切环境下，物料的物理性质发生变化，由粉末颗粒变成糊状，淀粉发生裂解、糊化；蛋白质四级结构被破坏，发生重组、变性，消化吸收率提高；粗纤维发生降解、细化，可溶性膳食纤维含量增加；有害微生物被杀死，有害酶及其他生物活性物质失活，提高了谷物的营养价值。

挤压过程是一个多输入和多输出系统，挤压过程中的工艺参数包括挤压操作参数、挤压系统参数、产品目标参数。挤压操作参数包括机筒温度、螺杆转速、物料水分含量和投料速度、螺杆构型和模头结构；挤压系统参数包括单位机械能耗、停留时间分布、扭矩、熔体温度及黏度、螺杆填充度、模口压力；产品目标参数包括感官、质地和流变特性。其中，双螺杆挤压工艺的系统参数不可调节，但可通过改变挤压操作参数来调节挤压系统参数，间接达到控制产品目标参数的目的。

螺杆是双螺杆挤压机的核心部件，尤其在输送、剪切、混合、加压等方面，螺杆的作用更为重要。双螺杆挤压机的螺杆是组合式的，不同螺杆元件的排列和组合被称为螺杆构型。螺杆构型由螺杆元件、元件长度、元件位置等参数组成。其中，元件位置可分为元件与模头距离、元件间距等；螺杆元件又可分为元件类型和元件几何参数。常见的元件类型包括输送元件、捏合元件和齿形元件等；元件几何参数是指同一类型元件的规格，如螺旋角、螺槽深浅、捏合盘厚度等。不同构型的螺杆具有不同的输送、剪切、混合、建立压力等作用，会产生不同的挤压系统参数，如扭矩、压力、物料停留时间分布等，还会生产出不同特性的挤出产品。

126

6.5.2　挤压膨化技术的优点

挤压技术应用范围广，可生产各种膨化食品和休闲食品。挤压设备往往具有良好的连续工作性能，生产效率高，从而降低了生产成本。挤压膨化可改善食品原料的质构特性、密度、复水性等，从而改善产品口感和风味，有利于粗粮细作，使粗粮更容易被人们接受。改变原料种类或改变挤压设备模头，可生产出多种不同口味、形状的产品。生产过程中几乎无废弃物排出，只在开机和停机时排出少量原料，减少了物料的浪费。挤压过程是一种短时的加工过程，物料短时间受热，能最大限度保存原料的营养。在挤压加工时，由于淀粉、脂肪、蛋白质的降解，有利于人体的消化吸收。物料在模头挤出时，闪蒸掉部分水分，使 α 化定型，不易回生，也延长了食品的货架期。

6.5.3　膨化设备

伴随着挤压技术被越来越广泛地应用于日益发展的食品行业，挤压设备也得到迅速的发展。根据螺杆的数目挤压机可分为单螺杆挤压机、双螺杆挤压机、多螺杆挤压机。单螺杆挤压机在机筒内只有一根螺杆，是通过螺杆与机筒及螺杆、机筒与物料的摩擦力对物料进行输送与压缩，形成一定的内压力，加之外加热量，对物料进行挤压膨化。双螺杆挤压机机筒内两根螺杆同向旋转，物料经喂料器进入挤压机，在两根螺杆螺纹间、螺杆与机筒间进行强烈的搅拌、摩擦、挤压，加上套筒外加的热量，当物料达到机头，从模头被挤出，由高温高压瞬时变为常温、常压，物料体积瞬间膨胀，物料被膨化。多螺杆挤压机较单螺杆挤压机和双螺杆挤压机对物料混合搅拌更为均匀，挤压效果更佳，但制造费力，对传动系统要求高，成本高。

挤压膨化技术在食品加工中表现出的诸多优势，以及膨化产品具有的多种优点，奠定了挤压膨化技术在食品行业中的应用基础。近年来，挤压膨化技术在功能保健粉、休闲食品、谷物早餐食品中得到广泛的应用。

6.6　闪式提取技术

　　闪式提取法又叫组织破碎提取法，其最早的理论探索和运用是在 1989 年，由日本生药学家采用生物组织捣碎机分离出了中草药中的鞣质成分。1993 年，刘延泽等结合实际工作首次提出"植物组织破碎提取法"的概念，并基于此对含不同类型化学成分的中草药进行了相关的提取研究，并取得了较好的效果。研制了组织破碎提取样机，只需要 30s 就可以完成提取工作，相较于其他方法，十分快速，因此将这种设备称为闪式提取器，将这种方法称为闪式提取法。

　　闪式提取器通过高速搅拌、震动和渗滤，将植物组织中的有效成分有效转移出来，然后过滤，提取工作就完成了。闪式提取器包括很多组成部分，关键组成是破碎刀具和动力系统。破碎刀有锋利的刀头，通过高速旋转来破碎植物。且双刃之间有间隙存在，通过调整间隙来对破碎粒度进行控制。通常情况下，会按照 40～60 目的标准控制破碎粒度，这样提取效率可以有效提升；同时，还可以有效混合植物组织颗粒和溶剂，平衡组织内外的化学成分。高速电机带动提取器工作，能够实时调速。一般情况下，只需要 1 分钟就可以完成一次提取，能够将药材中 70% 的有效成分提取出来，经过过滤，还可以进行两次重复提取。

6.6.1　闪式提取特点

　　（1）**快速简便**　借助于相应的闪式提取装置，可以有效控制植物颗粒粉碎度，这样可以将有效成分充分提取出来，节约了过滤时间，1 分钟内即可完成操作。相较于回流热浸法、超声法，闪式提取法更加便捷，用时最短，且具有更高的提取效率。

　　（2）**室温提取**　在常温状态下，运用闪式提取技术，不会破坏药物的有效成分，植物中的有效成分得到最大限度的保留。相较于回流提取法，闪式提取法拥有更高的提取效率，且常温下即可开展。

　　（3）**溶剂选择范围大**　不同动植物的中药材提取都可以运用闪式提取法，结合具体提取目标，选择相应的溶剂即可，可用水、甲醇、乙醇等作

128

现代食用菌深加工

为提取溶剂，具有较高的提取效率。

（4）节能降耗 相较于其他提取技术，闪式提取法操作时间较短，具有较高的效率，节能环保性更好，且粉尘污染、溶剂残留也可以得到有效减少。

6.6.2 闪式提取在食用菌加工中的应用

秦令祥采用正交试验法优化闪式提取香菇多糖的最佳工艺参数。结果表明，闪式提取法提取香菇多糖的最佳工艺条件为提取次数 3 次，料液比 1（g）：25（mL），提取时间 90 s，提取电压 150 V。该工艺条件下，香菇多糖的提取率为 6.83%。

李明华以金针菇为原料，应用响应面法优化了金针菇多糖的闪式提取工艺，并对多糖的抗氧化活性进行了测定。结果表明：最佳闪式提取条件为料液比 1（g）：26（mL），提取电压 190 V，提取时间 103 s。在该条件下，提取两次，多糖最终提取率为 6.85%，较高温浸提法提高了 40.08%。抗氧化实验表明，金针菇多糖具有明显的还原能力和清除羟自由基、DPPH自由基的能力。

陈丽冰采用闪式提取技术从北虫草培养基中提取多糖。通过单因素试验考察了闪式提取的液料比、提取时间、转速对提取效果的影响，利用正交试验法，优化了北虫草培养基中多糖提取的工艺。结果表明，提取时间和转速对多糖提取效果有显著影响，最佳提取工艺为料液比 1（g）：35（mL），提取时间 12 min，转速 8000 r/min。在该条件下，闪式提取多糖得率为 3.52%，略高于传统热水回流提取的得率，且只需在室温下进行，提取时间大大缩短，说明闪式提取是一种快速有效提取北虫草培养基中多糖的方法。

闪式提取法在食用菌活性成分工艺中具有较大的优势和价值，可以提高提取效率，缩短提取时间，具有较好的节能环保性。

Edible Mushrooms

第 7 章

现代食用菌深加工产品的开发

7.1 虫草营养米的开发

　　虫草营养米以碎米和蛹虫草培养残基为主要原料，采用双螺杆挤压技术进行量化重构，经粉碎、混匀、加水调配、挤压造粒、微波干燥、缓苏、冷却分级等工艺，得到能模拟大米外形的高虫草素复合米。虫草营养米的生产利用双螺杆挤压技术，成品的外观完全近似于普通大米，营养丰富、口感好、蒸煮食用方便。虫草营养米中含有虫草素，具有增强免疫的功效。虫草营养米的开发，将蛹虫草培养残基变废为宝，实现了资源的重复利用，而且通过食用菌主食化加工，让虫草成为老百姓消费得起的产品。

7.1.1 技术路线

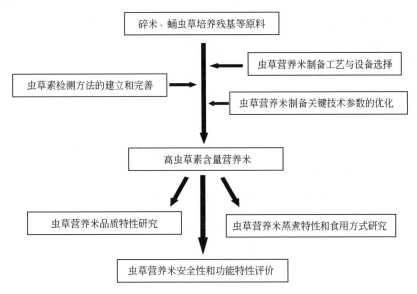

7.1.2 虫草营养米制备工艺

　　虫草营养米制备工艺流程如下：

蛹虫草培养基等原料→粉碎→全粉

↓

　　碎米原料→除杂→磁选→粉碎→称量→混合、调质→双螺杆挤压→成型→冷却→微波干燥→冷却→分级→磁选→包装（高虫草素含量复合米）

碎米原料经除杂、磁选、粉碎、称量后送入搅拌机，按配方要求加入蛹虫草培养基粉及适量水分（根据需要加入或不加入相关食品添加剂），在搅拌机内充分混匀，送入双螺杆挤压机。在挤压机内，物料受到高强度的剪切、挤压和一定温度的作用下呈熔融状态，高压下从机头模孔处挤出，被切刀切成米粒形状。米粒一边被冷却分散，一边进入第一个凉米器中进行初步冷却，进入微波干燥机中干燥。进入第二个凉米器中进行再次冷却，经分级筛分级，包装后即为成品。

在该工艺过程中，必须控制各关键点的工艺参数，具体包括以下几个方面。

7.1.2.1　原料成分特性

虫草营养米的制备原理是利用淀粉糊化和胶化特性，而淀粉的糊化和胶化特性又直接影响成品的感官特性。不同物料，其淀粉的特性、淀粉的含量不同，具有不同的糊化特性。因此当采用碎米与其他原料搭配时，会对工艺参数产生一定程度的影响。

7.1.2.2　原料粒度

原料过粗，不仅不利于造粒，还会使米粒表面和口感粗糙；但原料过细，容易造成能源浪费。因为粉碎原料需要耗费能源和增加机器的磨损，从而增加成本，通常情况下，原料粒度以80～100目为宜。

7.1.2.3　原料水分含量

原料水分对产品的糊化度（α化度）有重要影响。一般而言，在一定范围内，随着原料含水量的提高，糊化度呈先升后降的趋势。同时，水分含量对机头压力也有影响，水分含量越高，压力越低，反之越高。不同的原料，水分含量要求也不一样。通常情况下，混合物料的水分含量控制在25%～33%之间。

7.1.2.4　挤压制粒工艺

首先，是各段温度的控制。因为温度对糊化度有直接影响，温度越高，糊化度越高。在本研究中，以大米原料适度糊化为宜，一般情况下，前端和末端温度为60～75℃，Ⅱ区以不超过100℃为宜。其次，主螺杆转速及喂料螺杆转速也影响糊化度，转速越大，糊化度越低。因此，转速应该与温度相协调，一般主轴频率为 38～50 Hz。再次，模头开孔数也是影响糊

现代食用菌深加工

化度的因素。一般是孔数越多，物料在机内停留的时间越短，糊化度越低，所以合适的模孔数也很重要，一般开孔数为 24～48 个。最后，切刀转速将影响米粒的形状，必须控制好切刀转速，并与主机转速配合，得到合适的米粒形状，一般为 700 r/min 左右。

物料在挤压过程中依次通过不同温度的三个加工阶段：第一阶段为物料预热阶段，温度控制在 60℃左右；第二阶段为物料挤压阶段，依物料不同温度控制在 95～125℃；第三阶段为物料熟化阶段，温度控制在 60～75℃。在挤压的三个阶段通过加热或水冷却的方式进行温度调控，满足挤压工艺的特定要求，依碎米及蛹虫草培养基粉配比的不同，改进后的工艺糊化度控制在 80%以上，以便保证产品质量。

7.1.2.5 干燥工艺

刚剪切成型的产品含水量为 30%左右，要将其干燥至含水 13%左右，失水 17%左右，需要较长的时间，所以采用微波烘干方式。微波加热与传统加热方式完全不同，它是属于内加热的方式，效率更高。因此，尽管原料是热传导性较差的物料，也可以在极短的时间内达到加热温度。

7.1.3 虫草营养米中虫草素的检测方法

采用反相高效液相色谱法，固定相是十八烷基键合相硅胶，流动相是水-乙腈（95∶5，体积分数），检测波长 260 nm，流速 1.0 mL/min。分析得到虫草素在 1.0～50.0 μg/mL 范围内线性良好（$r=0.9996$），加标回收率分别为 109.9%、108.9%、105.6%、104.5%、103.2%，RSD 为 2.38%；精密度 RSD 为 0.76%；重现性 RSD 为 1.46%。该法前处理过程简便，分析时间短，结果准确，重现性好，适合蛹虫草培养基和虫草营养米中虫草素含量测定。由一定比例的蛹虫草培养基与原料通过双螺旋挤压技术制得的虫草营养米中的虫草素较稳定，经检测比较，蛹虫草培养残基中虫草素的含量达到 0.566 g/kg（虫草营养米含 20%的蛹虫草培养基）。

7.1.4 虫草营养米的关键技术参数及品质特性

7.1.4.1 虫草营养米的关键技术参数

参考国内外复合米的研究资料，确定了虫草营养米在制备过程中，影响产品品质的主要因素有蛹虫草培养基的添加量、原料水分、套筒温度和挤压机螺杆转速四个因素。

（1）**蛹虫草培养基的添加量**　虫草培养基的含量关系到营养米中虫草素的含量，通过双螺杆挤压后虫草素的含量损失极少，可以忽略。但虫草培养基的添加量对营养米的糊化程度具有重要，因此以营养米的糊化度作为考核指标对虫草培养基的添加量进行选择。当虫草培养基含量为20%～25%时，糊化度呈上升趋势；当其含量为25%～30%时，糊化度下降；当其含量为30%～35%时，糊化度随虫草培养基含量的增加而升高，而当虫草培养基含量为30%时，糊化度最低。虫草营养米以糊化度为标准，糊化度越低越好，因此，30%的虫草培养基添加量为最佳添加量。

（2）**原料水分**　以复合米的糊化度作为目标值对原料水分进行选择。当水分含量在35%～40%时，糊化度随水分含量增加而下降；当水分含量为40%～50%时，糊化度随水分增加而降低；在50%～55%时，糊化度随水分含量增加而升高。其中水分含量为50%时，糊化度最低。因此50%为最佳的原料水分含量。

（3）**套筒温度**　双螺杆挤压机主要分三区，主要考虑第Ⅱ区挤压区不同温度对虫草营养米的成型影响。挤压室温度越高，糊化度越高。反之，糊化度越低。本工艺对原料进行限制性糊化，保证营养米具有良好的蒸煮性能和感官品质。当套筒温度为70～80℃时，糊化度随温度升高而升高；当温度在80～90℃时，糊化度随温度升高而降低；在90～110℃时，糊化度随温度升高而升高。其中温度为90℃，糊化度最低。因此90℃为最佳的套筒温度。

（4）**挤压机螺杆转速**　螺杆转速也影响糊化度，转速越大，物料在机内停留的时间越短，糊化度越低。以营养米的糊化度作为目标值对螺杆转速进行选择。当螺杆转速为300 r/min时，糊化度最低。因此300 r/min为螺杆的最佳转速。

7.1.4.2　虫草营养米的品质特性

虫草营养米含淀粉76.8 g/100g，蛋白质10.10 g/100g，脂肪3.0 g/100g，虫草素0.566 g/kg。快速黏度仪测得虫草营养米的冷峰值、峰值黏度、保持黏度、崩解值、最终黏度和回生值低于粳米，其峰值时间则高于粳米，

现代食用菌深加工

即虫草营养米较粳米具有良好的热糊稳定性和冷糊稳定性。差示扫描量热仪测得虫草营养米的起始温度、峰值温度高于粳米，热焓值低于粳米。通过扫描电镜观察虫草营养米的微观结构，发现经过挤压后产品中淀粉颗粒明显减少，甚至观察不到明显的颗粒状物质，说明淀粉糊化明显，虫草营养米相对于100%挤压碎米的内部结构更均匀，含有一定量的孔洞，说明只发生了部分膨化，较低的糊化度能确保产品口感与普通大米接近。

7.1.5　虫草营养米的生产设备

虫草营养米生产线主要包括自动化控制系统、双螺杆挤压制粒机和微波烘干机。

7.1.5.1　自动化控制系统

该控制系统具有以下功能。

① 实现计算机自动配料，并具有手动配料功能。现场手动、自动控制方式可相互切换，系统在不同的操作环境选用合适的操作方式，转换方便、灵活。配料电子秤采用间歇式电脑控制系统，操作简单，维护方便，可以根据配方要求进行配料混合，以满足多种食品生产要求。

② 配料秤的称量精度：动态误差≤0.3%，静态误差≤0.1%。现场环境要求机械设备运行良好，振动小。

③ 配料秤量程为10~2000 kg，秤的数量为一台（不含秤斗）。

④ 系统能实现配料、混合过程的自动控制。

⑤ 计算机采用专业工控机，保证系统控制可靠，稳定，抗干扰能力强。

⑥ 系统具有断电保护、生产过程自动监控功能，断电后自动恢复生产的能力。

⑦ 系统具有生产故障、超值超限声光报警功能。

⑧ 对生产过程中产生的数据具有记录和报表打印统计功能。

⑨ 配方管理功能。配料生产过程中通过配方管理自由地控制不同状态的生产过程，从而提高工作效率。在配方管理中可实现配方选取、修改和查询等功能。

⑩ 根据工艺的要求，实现电子秤、混合机电气联锁控制。可按工艺

要求提供人工添加料提示信号；可按工艺要求由操作员逆料流启动设备、顺料流停止设备。

⑪ 工艺模拟屏直观显示生产工艺流程及生产设备工作状态，包括设备启停，故障报警。

⑫ 可实现着水过程互锁控制和原料计量控制。

⑬ 可对料仓的料位进行显示。

⑭ 系统具有原料管理功能，可存储、修改和新增原料品种。

⑮ 冷却系统实行冷却自动控制。

7.1.5.2 双螺杆挤压制粒机

双螺杆挤压制粒机主要由料斗、机筒、两根啮合的螺杆、模板、旋切装置、传动装置等构成。其工作过程是物料从喂料口进入机筒后，物料在套筒内腔受螺杆的旋转作用，产生高压区和低压区，物料将沿着两个方向由高压区向低压区流动，然后经输送、剪切、混合和加热，Ⅱ区温度可达到180℃，压力达到3~8 MPa。

该挤压机具有以下特点：①转速较高并且在啮合区不同位置处有较接近的相对运动速度，因此可以产生强烈、均匀的剪切；②几何形状决定了其纵向流道必定开放，使两螺杆之间产生物料交换；③同向旋转的双螺杆在啮合处，螺纹和螺槽的旋转方向相反，相对速度很大，产生的剪切力也大，更有助于黏附物料的剥离，具有良好的自洁功能。

在挤压机内，物料发生了一系列复杂的物理和化学反应，这些反应受很多因素的影响。根据挤压食品的加工生产经验，影响物料熔融、糊化及成型的因素主要有以下几个。

（1）螺杆 螺杆是挤压机最重要的部件，它不仅决定物料的熟化和糊化的程度，而且决定最终成品的质量。不同的螺杆有不同的挤压功能，螺杆的挤压功能，取决于螺杆的设计参数。

重复实验表明，预糊化挤压米专用挤压设备螺杆设计参数确定为：螺纹截面形状为梯形齿形，螺杆直径70 mm，长径比（L/D）为20，螺距为20~45 mm，螺槽宽度为12~36 mm，螺棱宽度 e 为 5 mm，螺槽高度 H 为 8 mm，升角为30°，螺棱顶与螺槽间隙为1 mm。

（2）均压板和模头 由于螺旋存在着一个升角 θ，所以，被推出的物

现代食用菌深加工

料在螺杆端头出口处沿圆周形成压力、流速与螺杆转速同步的周期脉动变化，均压板和成型段的作用是建立一个均压区使物料稳定均匀地通过模头，使挤出的产品成为所需要的形状，并保持均匀一致。

模头的特性主要有模孔的直径、形状、数量及模孔的有效长度，通常物料在模头处受到的挤压力较小时，可抑制物料的膨化。模孔板上的每个孔的大小尺寸误差和形状误差都要控制得尽量小，这样才能保证每个孔的流动阻力相差不大，有些形状特殊的、复杂的孔要通过设计时反复试算和大量试验才能确定。

（3）**温控系统**　不同挤压区域物料的温度，对产品的糊化度和挤出成型效果有很大的影响，因此必须对三个挤压区域的温度进行不同程度的调控。限制性糊化挤压米挤压成型机采用的是远红外线加热圈对机筒内的三个挤压区实施加热，该温控系统属于数显、双限自动调温式、热关断型温控制置，能在 0～800℃ 范围内将温度有效地控制在预置区间。

7.1.5.3　微波烘干机

（1）**微波系统主要技术参数**

① 微波工作频率：（2450±50）MHz。

② 微波输出功率：12 kW（功率分段可调）。

③ 微波馈入部位：顶部馈入。

④ 微波馈入驻波比：小于 2（额定负载下）。

⑤ 微波系统冷却方式：磁控管（水冷）、变压器（风冷）。

⑥ 磁控管使用寿命：≥6000 h。

（2）**微波烘干机优点**

① 微波加热与传统加热方式完全不同。它是使被加热物料本身成为发热体，不需要热传导的过程。因此，尽管是热传导性较差的物料，也可以在极短的时间内达到加热温度。

② 无论物体各部位形状如何，微波加热均可使物体表里同时均匀渗透电磁波而产生热能。所以加热均匀性好，不会出现外焦内生的现象。

③ 由于含有水分的物质容易吸收微波而发热，因此除少量的传输损耗外，几乎无其他损耗，故热效率高、节能。它比红外加热节能 1/3 以上。

④ 只要控制微波功率即可实现立即加热和终止。应用人机界面和 PLC

可进行加热过程和加热工艺规范的可编程自动化控制。

⑤ 由于微波能是控制在金属制成的加热室内和波导管中工作，所以微波泄漏极少，没有放射线危害及有害气体排放，不产生余热和粉尘污染，既不污染食物，也不污染环境。

7.2 菇精调味料的开发

香菇柄占香菇干重的 20%～30%，因粗韧难嚼，吞咽困难，为了保证香菇的质量和满足出口要求，必须将其除去。据不完全统计，仅湖北省，香菇加工中每年产生 2 万吨左右的菇柄，绝大部分都被废弃，造成了极大的资源浪费。香菇柄中含有大量的营养活性成分，其中以膳食纤维和香菇多糖活性最为突出。实际上，香菇柄中风味成分的含量也十分丰富，由于纤维类物质的包裹，菇柄的风味成分很难释放，其鲜香之味远不如香菇菇盖浓郁醇厚。利用生物酶解和超微破壁技术，使菇柄风味成分高效释放，并通过混料配方设计和冷杀菌工艺，将低值的香菇柄开发为高附加值的功能型调味品。对于调整食用菌产品结构，推动食用菌产业升级具有重要意义。

7.2.1 技术路线

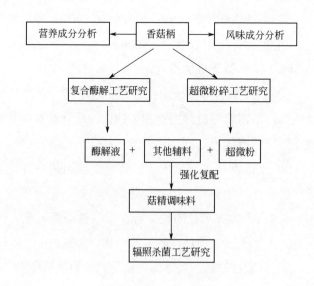

现代食用菌深加工

7.2.2 香菇柄基本成分

7.2.2.1 基本营养成分

香菇柄含有较丰富的营养成分，蛋白质含量为 18.80%，碳水化合物高达 59.61%，油脂和灰分含量较少，不足 5%，水分含量为 7.95%，粗纤维含量 7.80%。香菇柄中游离氨基酸的种类丰富，其中含量较多的有谷氨酸、丙氨酸、鸟氨酸。菇柄中钾（K）含量十分丰富，而钠（Na）含量较低。香菇柄中的重金属含量均在国家标准限量之下。

7.2.2.2 风味成分

香菇柄中呈味核苷酸含量为 1.41%，主要是 5'-鸟苷酸（5'-GMP）。5'-GMP 呈现肉的鲜味，且其增鲜效果高于谷氨酸钠。氨基酸类鲜味物质含量在阈值以下时其鲜味是潜在性的，只要添加少量 5'-核苷酸，就能使其提到阈值以上，发挥其增鲜效果。核苷酸对谷氨酸钠的鲜味有增强作用。食用菌中香菇的鲜味物质呈鲜性最强，正是因为其所含呈味核苷酸和谷氨酸较多。香菇的特征性风味成分包括 1-辛烯-3 醇和 1,2,4-三硫杂环戊烷、二甲基二硫醚、二甲基三硫醚等含硫化合物。含硫化合物是香菇风味最重要的组成成分，通常能影响菇柄整体香气的挥发。1,2,4-三硫杂环戊烷被认为是其中主要的风味化合物，由前体物质香菇酸在谷氨酰胺转肽酶的作用下产生二硫杂环丙烷中间体聚合而成。二甲基二硫醚、二甲基三硫醚均具有鲜洋葱的气味，它是由香菇精的 CH_2—S 键的断裂降解产生的。

7.2.3 香菇柄复合酶解工艺

香菇柄中含有丰富的蛋白质、氨基酸、核苷酸等呈味物质，但其蛋白质、氨基酸大多存在于细胞内，很难提取，可以通过酶解技术使其得到高效释放。复合酶解工艺是根据食用菌的细胞结构特性，先通过纤维素酶酶解破坏其细胞壁结构，使细胞内的蛋白质、氨基酸等物质得以释放，再通过蛋白酶水解蛋白质使其水解为氨基酸，从而增加产品的氨基酸含量。因此，利用复合酶解法得到的酶解液可保持香菇独特的风味，增加产品的营养价值。

工艺流程如下：香菇柄→粉碎→加水混合→调 pH→加热→加入酶 A

保温酶解→再次调 pH→加入酶 B 保温酶解→灭酶→过滤→低温减压浓缩→冷藏备用。

香菇柄复合酶解的最佳工艺条件为：料液比 1∶6，酶 A 添加量 0.2%，最适 pH 4.5，温度 55℃，酶解 2 h，然后调 pH 至 6.5，加入酶 B 0.1%，温度 50℃，酶解 4 h。此条件下，总氨基酸释放率为 2.16%，呈味核苷酸释放率为 1.64%，多糖溶出率为 7.18%。复合酶通过搭配使用，不仅可以提高酶解液中氨基酸等呈味物质的含量，而且改善了产品的感官风味，突出蛋白水解物自然的特征味，且易与其他呈味成分配伍，赋予食品多层次、圆润味道的特点。菇柄酶解之后仍有大量残渣产生，尚需寻求另一种香菇柄高效破壁技术与之协同使用。

7.2.4 香菇柄超微粉碎工艺

超微粉碎技术作为一种新型的粉碎加工技术广泛地应用于农产品的产后处理及深加工。研究表明当超微粉粒径降到 10 μm 以下时就达到了细胞破壁的要求，品质及加工性能得到显著改善，强化了功能性成分的溶出，提高了吸收利用率。对香菇柄进行超微粉碎加工处理，可以改善菇柄的食用品质，保证其营养和功能成分的充分发挥。目前应用比较多的超微粉碎装置主要有对喷式气流粉碎装置和机械碾轧式超微粉碎装置。

7.2.4.1 对喷式气流粉碎装置

对喷式气流粉碎机的工作原理是粗粉进料后，在粉碎区中心与高速气流汇聚，受到对撞冲击而使颗粒粉碎，颗粒粉碎粒度达到分级轮工作要求，被分离到出料区。气流超微粉碎适于超微粒径 D_{50} 低于 10 μm 的粉碎要求。当分级机转速达 2400 r/min，加料速度达 12 kg/h，对喷式气流粉碎装置可达到最优粉碎状态。其装置示意图见图 7-1。

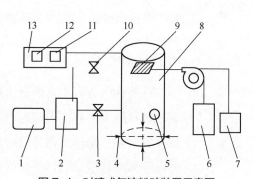

图 7-1 对喷式气流粉碎装置示意图

1—空气压缩机；2—空气冻干机；3—气阀；
4—高速气流喷嘴；5—电磁加料器；
6—物料收集室；7—引风机；8—粉碎室；
9—分级轮；10—脉冲阀；11—主机变频器；
12—电流指示表；13—控制面板

现代食用菌深加工

7.2.4.2 机械碾轧式超微粉碎装置

机械碾轧超微粉碎机的工作原理是通过碾轮的反复碾轧使物料达到需要的细度，通过风机的旋风分离，达到收集超微粉的目的。设备的工作压力出厂已设定不需调整，工艺的主要操作参数为主机频率、风机频率和加料速度。当主机频率为 44 Hz，风机频率为 42 Hz，加料速度为 5 kg/h 时，机械碾轧超微粉碎装置可达到最优粉碎状态。其装置示意图见图 7-2。

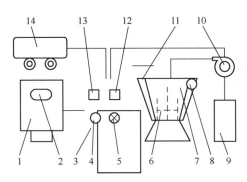

图 7-2 机械碾轧式超微粉碎装置示意图

1—冷水循环系统；2—温控仪；3—控制面板；4—气压阀；5—紧急制动阀；6—碾轮；
7—粉碎室；8—电磁加料器；9—物料收集系统；10—风机；11—冷却水夹层；
12—风机变频器；13—主机变频器；14—空压机

从粉碎效果来看，两种超微粉碎方式均可以有效地实现香菇柄的细胞级粉碎，粒径 D_{50} 均小于 10 μm，多糖溶出率较超微粉碎前均提高了 1 倍多，呈味核苷酸和氨基酸含量也有显著提高，机械粉碎微粉的挥发性香味成分总体略有增加，而气流粉碎微粉的香味成分损失较多。在逼近粉碎粒径下限的过程中，气流粉碎设备的产能下降较快；在满足 10 μm 级粉碎要求的条件下，气流粉碎设备的分级精度较高，但出品率较低，能耗是碾轧粉碎设备的 4.43 倍，处理时间的优势并不明显。总体来看，机械碾轧式粉碎更适合香菇柄的规模化超微处理。

7.2.5 菇精调味料生产工艺

菇精调味料的研制借鉴了鸡精的生产工艺，在充分利用香菇柄呈味成分及功能成分的基础上，还需添加其他辅料来增强产品的风味。菇精调味料以香菇柄超微粉、香菇柄酶解液为体现香菇风味的主要原料，添加食盐、蔗糖、味精、呈味核苷酸二钠（I+G）等调味增鲜辅料，以及麦芽糊精、淀粉等黏结剂或载体物，必要时也可加入少量葱姜蒜等天然香辛料以提香（一般含量≤0.5%，否则香辛味过重会影响主体菇香）。

7.2.5.1　菇精调味料生产工艺

菇精调味料生产工艺如下：

粉碎→混合→制粒→干燥→筛分→包装

（1）**粉碎**　通常因为盐、糖、味精等原料晶体较粗，一般大于 40 目，不能直接进行生产，必须使用粉碎机使之粉碎成≤80 目的细粉，才能使之均匀地混合在一起。一般生产中可选用 20B-X 型万能粉碎机。

（2）**混合**　混合的目的是把多种配比的原辅料进行均匀分布，以确保每个批次产品的质量保持一致。往混合腔中按试验设计的配方放入原辅料，先干混几分钟，然后加入相应比例的酶解液，通过犁刀的不停翻转和搅动，把物料充分混匀。一般生产中可选用 CH-200 型槽形混合机。

（3）**制粒**　菇精制粒一般采用旋转制粒。旋转制粒机的优点是：颗粒呈圆柱形（φ1.2～1.8 mm），外形美观。但是对菇精的配方有着较高的挑剔性。一般情况下含糖量高的配方不太适合旋转制粒机，因为长时间的摩擦容易使糖熔化，从而影响到制粒的连续性。高淀粉和高麦芽糊精的配方也不太适合旋转制粒机，此种类型的配方对筛网的损耗相当大。同时旋转制粒机制成的颗粒较紧，溶解度稍差。一般生产中可选用 JZL-300 型旋转式制粒机。

（4）**干燥**　与传统的烘箱、沸腾干燥机等间歇式干燥设备不同，直线型振动流化床干燥机是一种连续性干燥设备，它在 2～5 min 之内便能完成香菇精的干燥。由于干燥的时间缩短，所以它能使香菇精颗粒尽可能保持设计中的色香味形。一般生产中可选用 ZLG（0.45×6）型振动流化床干燥机。

（5）**筛分**　当菇精颗粒烘干后，需对烘干颗粒进行筛分，以分离出大小均匀的颗粒作为商品包装。筛分机选择三出口的振动方筛，此种设备兼有冷却和筛分的功能。根据菇精颗粒大小，选择振动筛网上 10 目下 20 目。如果筛网调节区间大，则成品率提高，反之则下降。小部分不符合要求的块状颗粒或粉末会少量多批地加入混合机中重新混合。一般生产中可选用 FS 0.6×1.5 方形振动筛。

（6）**包装** 包装可分机械包装和人工包装，通常小规模生产只需要人工包装。也可以先人工包装，等市场反馈信息后，再上畅销包装品种的包装机。

7.2.5.2 菇精调味料配方

根据菇精调味料行业标准 SB/T 10484—2008《菇精调味料》，I+G 含量应≥1.6%，确定 I+G 添加量为 1.6%，而味精的添加量与 I+G 的添加量有一定的比例，按照鲜味相乘原则，在经济上较合理的比例为 20：1，由此可确定味精添加量为 32%。天然香辛料的添加比例一般不超过 0.5%，确定其比例为 0.4%。而配方中剩余的香菇柄超微粉、酶解液、食盐、蔗糖、淀粉、麦芽糊精 6 种成分通过各指标的回归模型的建立，各组分间的交互作用分析，结合 Design Expert 软件的优化功能，得到优化后的菇精配方分别为：香菇柄超微粉 12.0%、酶解液 6.0%、淀粉 25.0%、食盐 4.3%、麦芽糊精 12.3%、蔗糖 6.4%。

7.2.6 菇精调味料辐照杀菌工艺

固态调味品加工最难控制的是微生物污染问题，一般灭菌方式往往使得超微粉碎技术处理菌类后所释放的风味成分受到较大破坏，目前采用 ^{60}Co γ 射线辐照进行菌类调味品灭菌。采用辐照冷杀菌技术处理调味品，通过 ^{60}Co γ 射线杀灭其中的有害微生物，提高产品质量，使其符合食品卫生质量标准。

7.2.6.1 灭菌效果及有效辐照剂量

用 ^{60}Co γ 射线辐照菇精调味料，含菌量随辐照剂量的增强呈下降趋势（表 7-1）。经 2.8 kGy 剂量辐照后 4 天，菇精调味料中的杂菌和霉菌含量分别从 10500 CFU/g 和 1500 CFU/g 下降至 1150 CFU/g 和 10 CFU/g，灭活率分别达到 89.05% 和 99.33%，可见辐照对霉菌的灭活效率较高。表明采用 γ 射线进行菇精调味料的辐照灭菌在技术上是可行的，只要选取合适的辐照剂量，便可使调味品的含菌量降低，达到相关的卫生标准。

以杂菌存活率的对数值（y）为纵坐标，辐照剂量（x）为横坐标作图即得剂量存活曲线（图 7-3），所得线性方程符合 $y=2-0.3807X$（相关系数 $r=-0.992$），经相关性检验，其存活率与辐照剂量之间存在显著相关性。由上述关系式可计算出香菇复合调味品中杂菌 D_{10} 值为 2.63 kGy。根据辐照加工工艺允许的不均匀度范围，以辐照剂量不均匀系数 1.2 估算香菇精调味料的辐照杀菌有效剂量为 2.8~3.0 kGy。

✳ 表 7-1　菇精调味料辐照灭菌效果

辐照剂量/kGy	灭菌效果			
	杂菌数/CFU/g	杂菌存活率/%	霉菌/CFU/g	霉菌存活率/%
0	10500	100	1500	100
2.8	1150	10.95	10	0.67
4.2	175	1.66	<10	<0.67
5.6	110	1.05	<10	<0.67
7.0	20	0.19	<10	<0.67
8.4	5	0.047	<10	<0.67

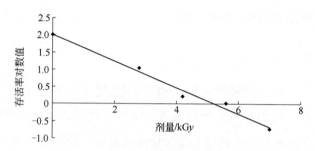

图 7-3　杂菌的剂量存活曲线

7.2.6.2　感官评价结果

2.8~5.6 kGy 剂量辐照后，菇精调味料的色泽、外形无明显改变；滋味和香味随着辐照剂量的提高而下降（表 7-2）；当辐照剂量高于 2.8 kGy 时，滋味和香味开始逐渐减弱，不可接受度提高，当辐照剂量达到 5.6 kGy 时，鲜味和香味基本消失，表明辐照剂量过高会对成品滋味及香味的保持造成不利影响。

✳ 表 7-2　不同辐照剂量对菇精调味料感官品质的影响

辐照剂量/kGy	色泽	外形	滋味	香味
0	棕黄色	颗粒均匀，松散，无粉状物	鲜味明显	具有明显香菇风味
2.8	棕黄色	颗粒均匀，松散，无粉状物	鲜味明显	菇香味无明显变化

辐照剂量/kGy	色泽	外形	滋味	香味
4.2	棕黄色	颗粒均匀，松散，无粉状物	具有一定鲜味	菇香味减淡
5.6	棕黄色	颗粒均匀，松散，无粉状物	无鲜味	菇香味消失

7.2.6.3 辐照处理前后菇精调味料的主要品质指标变化

　　2.8 kGy 辐照剂量处理后的菇精调味料与未辐照样品相比较，其品质指标氨基态氮、呈味核苷酸二钠、总氮以及粗多糖没有显著变化（图 7-4）。

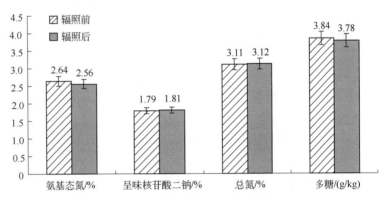

图 7-4　辐照处理前后菇精调味料品质指标比较

7.2.6.4 辐照处理前后不同香菇柄样品挥发性成分变化

　　如表 7-3 所示，菇柄粗粉经 2.8 kGy 辐照处理后，特征挥发性成分中 1,2,4-三硫杂环戊烷、二甲基三硫醚、甲硫基二甲基二硫醚有一定降低，而二甲基二硫醚有所提高。菇柄超微粉经 2.8 kGy 辐照处理后，特征挥发性成分中 1,2,4-三硫杂环戊烷、二甲基三硫醚有一定降低，而甲硫基二甲基二硫醚、二甲基二硫醚有所提高。不同样品经 2.8 kGy 辐照后，1-辛烯-3-醇均未检出。样品经辐照后会产生一些烃类、醛类、醇类，主要是降解形成的产物，具有一些其他类型的挥发性风味。总体来看，一定剂量辐照会降解菇柄挥发性成分中的八碳化合物和含硫化合物，改变了挥发性风味物质的成分组成。菇精经辐照处理后，香菇特征性香味成分有所减少，但感官上感觉不明显，可能是辐照过程中产生了一些新的类似的风味物质。

特征挥发性成分	峰面积/（1×10⁵）					
	菇柄粗粉	辐照菇柄粗粉	菇柄超微粉	辐照菇柄超微粉	菇精	辐照菇精
1,2,4-三硫杂环戊烷	12.2762	10.5272	15.1788	8.3792	2.1865	1.8733
二甲基二硫醚	15.4816	17.3725	15.9427	16.2615	—	—
二甲基三硫醚	20.2853	13.6479	17.2857	14.3551	—	0.3877
甲硫基二甲基二硫醚	4.1337	3.8479	4.2891	4.6845	—	—
1-辛烯-3-醇	5.3315	—	6.7884	—	1.2284	—

7.2.7   菇精调味料的中试生产

7.2.7.1   生产工艺流程

粉碎→混合→制粒→干燥→筛分→包装→辐照杀菌→贮存

7.2.7.2   操作要点

（1）**原料**   粉碎成≤80目的细粉。

（2）**混合**   物料充分混匀。

（3）**制粒**   颗粒成圆柱形（φ 1.2～1.8 mm），外形美观。

（4）**干燥**   控制温度及干燥时间。

（5）**辐照杀菌**   2.8 kGy 剂量。

7.3   菌菇方便汤块的开发

随着中国经济的发展，整个社会消费正在从生存型消费转向享受型消费，食品消费呈现出多层次与多样性，主要表现为对营养型食品的需求增长较快，传统的单一口味的方便汤料已经不能满足人们的要求，开发风味与营养俱佳的方便汤料将具有广阔的市场前景。

从世界方便食品发展趋势来看，强调绿色健康生产，追求营养型、品牌化已然成为未来世界食用汤类产业发展的方向。作为其中之一的即食方便汤块，其产品将朝着多样化、高档化、营养保健化和方便化的方向发展。食用菌作为一类营养丰富的高蛋白食物，制成丁状物后非常适合添加在方便汤料中。但是普通干制的食用菌不利于汤料的速溶性，而运用冷冻干燥技术提高食用菌复水

性的同时，还可以保持色泽的均匀性以及减少营养物质的损失，食用菌中的蛋白质、氨基酸等更易被人体吸收。将漂烫处理后的食用菌辅以变性淀粉、其他脱水蔬菜以及调味料等制成方便汤料，具有重要的实际意义以及广阔的前景。

7.3.1 技术路线

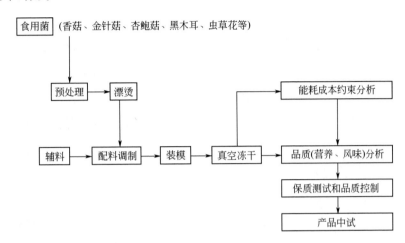

7.3.2 食用菌营养型方便汤块的料坯制备工艺

原料经过挑选、清洗、切分、漂烫等工序，选择鲜香菇、鲜金针菇、鲜杏鲍菇、黑木耳（泡发）和鲜虫草花，仔细挑选，剔除烂菇、霉菇及其他杂质，将清洗后的香菇、杏鲍菇、黑木耳切分成 2～3 cm 长的小片，金针菇切段，注意切分要基本做到均匀一致，胡萝卜、青菜切好漂烫备用。然后在夹层锅中加入一定比例的菇柄酶解液（菇柄酶解处理后，获得的过滤液），溶化好麦芽糊精、瓜尔胶和玉米淀粉，然后依次加入食用菌等蔬菜，最后缓缓倒入打好的蛋液，数秒后出锅，放入冻干盘中厚度为 10 mm，冷却至室温装入冻干仓内，设定干燥室压力 30 Pa，第一阶段设定升华温度-20℃干燥 24 h，第二阶段设定升华温度-10℃干燥 12 h，第三阶段设定加热升华温度 40℃，根据温度趋近法判断冻干终点，最后对汤块进行感官评定。

采用均匀试验设计原理优化食用菌营养型方便汤块的配方，以感官评定为指标，采用模糊数学原理建立系统的感官评价方法，确定最优的配方为鸡蛋 186 g/L，香菇 210 g/L，杏鲍菇 30 g/L，金针菇 60 g/L，胡萝卜 85 g/L，黑木耳 25 g/L，虫草花 6 g/L，青菜 95 g/L，麦芽糊精 22 g/L，瓜尔胶 5 g/L，淀粉 48 g/L，香辛料 57 g/L。该配方中方便汤块蛋白质含量为 19.7%，总氨基酸含量为 19.36%。

7.3.3 食用菌汤块的物料特性

食用菌汤块通过真空冷冻干燥制得。在真空冷冻干燥过程中，物料冻结最终温度是影响真空冷冻干燥物料质量及能耗的重要因素。物料冻结最终温度过低，在冻干生产中造成能源的不必要浪费；相反，物料冻结最终温度制定过高时，局部未冻结牢固，易使局部升温，从而导致局部发生融化现象。因此，选择合适的物料冻结温度是真空冷冻干燥工序中首先应该确定的重要参数之一。在冻结过程中，物料的共晶溶液完全结冰的温度称为共晶点，与其相对应的完全冻结的溶液温度升高到冰晶开始融化时的温度称为共熔点。共晶点和共熔点是真空冷冻干燥工艺中的重要参数，对于确定冻结温度和升华温度具有十分重要的意义。

食用菌汤块经制样处理后，放入差示扫描量热仪（DSC）中测定，在从 20～-60℃的降温过程中，在-10.1～-15.7℃中间有一个比较窄的放热峰，在从-60℃到 20℃的升温过程中，在-3.2～8.5℃之间有一个比较宽的吸热峰。由于物料在结晶过程中要放出大量的相变潜热，由此可从图 7-5 中判断出汤块的共晶点温度在-15.7℃左右，因为在-15.7℃之前有一个很明显的放热峰。由于物料在融化过程中要吸收大量的相变潜热，由此可从图中判断出共熔点温度在-3.2℃左右，因为从-3.2℃开始有一个明显的吸热峰。不过该共晶点和共熔点温度都是在常压下经过制样处理测得的。此外，冻结终止点为-15.7℃，因制样处理过程中被处理的食用菌物料经打浆处理取微量测定所得，其结果可以作为确定共晶点温度和的重要参考值，同理，共熔点观测值为-3.2℃，以作为控制升华温度的重要参考值，而食用菌汤块的冻干应结合实际综合考虑产品物性特点和加工工艺等因素来确定混合物料的预冻温度。因为在实际的制备过程中，添加其中的胶体物料形成了较好的凝胶网络，使得菌汤中的自由水分减少；同时盐使汤料的结晶点降低，不易形成晶核心，使得结晶点降低；调味料的添加使蔬菜汤料的冻结点下降，调味成分与水分子结合，也减少了蔬菜汤料中自由水的比例。而汤料的共晶、共熔温度与汤料含胶量、含盐浓度有关，它们之间的具体规律比较复杂，有待进一步研究。

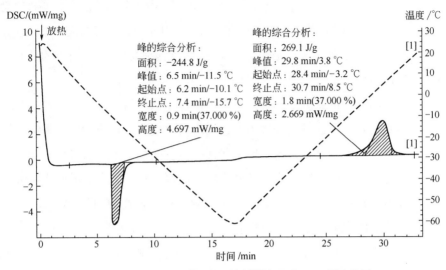

图 7-5　食用菌汤块制样处理后 DSC 测定结果

7.3.4　风味成分分析

食用菌是制作汤料的重要原料，汤的风味是评价汤品质的重要指标。运用顶空-固相微萃取-气质联用（SPME-GC-MS）分析可知：汤块制作过程中冻干前后风味成分的变化，主要表现为有一些菇类的特征性成分醇类、硫醚类和一些酮类物质在冻干沸水冲泡后较之前有显著增加，如甲硫醇、二甲基三硫醚、3-辛烯-2-酮、2-庚烯醛、2,4-癸二烯醛等，总体上，汤块料坯经冻干工艺制备后，经沸水冲泡，有利于风味物质的充分释放，风味分析为冷冻干燥制备菇菌汤的质量控制、工艺优化提供了理论基础。

7.3.5　真空冷冻干燥工艺研究

冻干工艺优化和调控过程参数的关键是缩短冻干时间，降低能耗。在降低能耗的基础上缩短冻干时间、提高冻干品质，是真空冷冻干燥领域研究的核心。在进行干燥动力学研究时，需考虑微观结构变化对干燥过程传质动力学的影响，在制定干燥操作条件时，应考虑此微观孔隙结构变化对干燥工艺的影响，特别是干燥后物料内残余水分的控制。冻干工艺研究主要集中在冻干过程中物料过程参数的研究。通过大量的试验研究，找出各参数

149

对冷冻干燥过程的影响规律，为进一步研究冷冻干燥工艺及冷冻干燥过程创造了前提条件。当设备条件一定的情况下，需要分析的因素主要有料盘内物料厚度、预冻温度、升华阶段加热温度、升华阶段加热时间、最佳水分转换点。最佳水分转换点是升华干燥阶段的结束和解吸干燥阶段的开始。

7.3.5.1 预冻阶段

（1）**预冻温度** 冻干过程中，单位面积料盘上的被干燥物料的湿装载量是决定冻干能耗的关键因素。汤块的厚度薄，传热传质速率快，干燥时间短，而不利之处是汤块厚度薄使得单位面积上干燥物料少，降低了设备产能。厚度较小时，降温速度比较快，厚度较大时，降温速率较慢，不同厚度对最终的冻结温度影响不大。最终的冻结温度可达−34℃，为了使得汤块中的水分完全冻结，预冻温度一般要求低于物料共晶点温度5～10℃，再考虑盐分和胶体对自由水的束缚作用的影响，并结合 DSC 分析可知，预冻温度设定为−35℃。

（2）**物料厚度** 从图 7-6 可知，随着冻干时间的延长，不同厚度的物料在−12～0℃范围内，曲线斜率变小，降温速率降低，因为汤块物料中含有不同的原料成分，具有不同的热焓，并且在冰点以下的降温过程中具有不同潜热，展现出一种热力学动态平衡状态下的宏观特征。厚度小达到最终冻结温度所用时间短，厚度大，相应的时间延长，综合考虑冻干能耗和生产能力，选择厚度为 15 mm 较合适。同时共晶曲线也反映了冻结速率的变化，可为我们制定合理的冻结工艺提供参考。

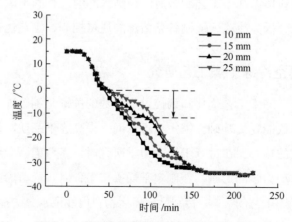

图 7-6　不同装盘厚度对汤块预冻温度的影响

现代食用菌深加工

7.3.5.2 升华阶段

（1）**加热温度的分析**　预冻完成后，要抽真空，达到一定的真空度后，开始确定升华阶段的加热温度。以干燥仓内压力 25 Pa 例，升华阶段真空度越高，传质速率越快，水分升华速率越快，而传热速率越低，传热方式逐步从热辐射和热传导变为主要依靠热传导为主，升华阶段以除去汤块中的自由水为主，所以工艺设置以促进传质优先，设定较高真空度主要是加快升华阶段水分的蒸发，缩短工作时间。加热温度高，可以降低冻干的能耗和缩短冻干时间，提高生产率，降低生产成本。但是温度升高到一定程度，汤块的已干层会失去刚性，变得具有黏性，发生类似于塌方的情况，称为崩解现象。所以选择合适的加热温度至关重要。实际操作中考虑到设备的控温误差以及温度波动影响，经过实验选定-10℃为加热温度，避免汤块产品发生崩解，同时达到了减少制冷量，降低能耗的目的。

（2）**升华阶段加热时间的分析**　从 1110 min 开始加热，加热温度提高到 40℃。选择 40℃首先是设备的参数要求，其次制品温度高于室温，有利于后续包装和贮藏，物料进入解吸干燥阶段，剩下的是部分未冻结的自由水和结合水，这部分水分的去除需要升高物料的温度，由于在高温下水分扩散速率及水分蒸发的传热推动力也较大，因此在干燥后期使用较高的物料温度可提高物料的干燥速率。从图 7-7 可知，从 1138 min 开始逐步升温，至 1150 min 逐渐进入了熔点区，至 1196 min 后已全部熔化，进入了线性升温区，发生了崩解现象。

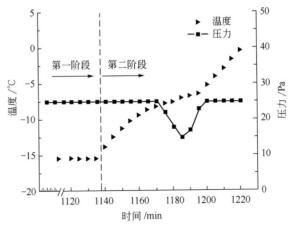

图 7-7　升华时间的确定（崩解现象）

由图 7-8 可知，第一阶段加热时间进行到 1148 min，温度开始缓慢上升，一直持续至 1425 min，温度接近 40℃，此为汤块的解吸阶段。水分含量较低时，其介电常数较小，温度上升比较缓慢。冷冻干燥到了后阶段，由于汤块中剩余的主要是结合水，蒸发没有冻结的水分，干燥速率明显下降，要想除去这部分水分需要更长的时间及更大的耗能，因此合理控制解吸阶段的升温过程对冻干生产更具有实际意义。

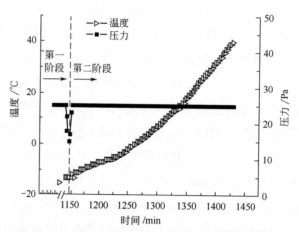

图 7-8 升华时间的确定（第二次加热温度为 40℃）

（3）解吸阶段的分析 解吸阶段提高汤块物料温度上限也不是越高越好，温度高虽然能减少干燥时间，但对产品品质却常会有不利影响。解吸阶段一次性设定温度在 40℃，升温较快，但从实际生产角度来看，但是极易造成干燥仓中局部区域的汤块产品受热不均匀，容易造成后期产品的焦化，在干燥后期要特别注意控制温度，防止"热失速"现象的发生，使物料发生焦煳现象。以干燥时间、能耗和品质为评价指标得出最佳冻干工艺条件为：−10℃→2.5℃（70 min），2.5℃→15℃（70 min），15℃→27.5℃（70 min），27.5℃→40℃（144 min）。

7.3.6 汤块的贮藏期性及货架期分析

在食品工业方面较为常见的储存期预测方法为食品储存期加速货架期测试（accelerated shelf life testing，ASLT）。应用化学动力学来量化外来因素（温度、湿度、气压和光照等）对变质反应的影响力，通过控制食

现代食用菌深加工

品处于 1 个或多个外在因素高于正常水平的环境中，变质的速度将加快或加速，在短于正常时间内就可判定产品是否变质。因为影响变质的外在因素可以量化，而加速的程度也可通过计算得到，因此可以推算产品在正常储存条件下实际的储存期。

通过 ASLT 实验分析得到：汤块相对湿度越大，汤块产品的吸湿性也越强。随着贮藏时间的延长，总氮含量基本没有变化。而且随着贮藏时间的延长，贮藏温度越高，汤块的水分含量升高越快，感官品质下降越快。4℃贮藏条件下的汤块水分含量以及感官评分变化较小；而 27℃贮藏后期汤块水分含量有所上升且感官评分有所下降；并且 37℃贮藏后期汤块水分含量上升和感官品质下降较快。此外，以感官品质和复水指数分析结果预测了汤块的货架期为 19 个月，食用菌汤块在 19 个月内基本保持了该产品的属性。

7.3.7 真空冷冻干燥设备

该冻干设备是湖北省农业科学院农产品加工与核农技术研究所与江阴新申宝科技有限公司联合开发的中试型真空冻干设备。冷冻干燥机由冷阱、干燥室、制冷系统、真空系统、加热搁板系统、电气控制系统等组成。主要配置为 Bitzer-S6H-20.2-40P 单机双级压缩机，2XZ-15D 直联旋片式真空泵 2 台，ZJ-150 罗茨泵 1 台，泵组抽速 150L/s；温度和压力探头为 Pt-100 铂电阻。

该设备（图 7-9）主要技术参数如下：

① 有效干燥面积（m^2）10。

② 最大捕水量（kg/h）160。

③ 物料温控 –50～50℃。

④ 真空抽气速率 大气压→10Pa≤20min。

⑤ 冷却水（<25℃）流速（T/h）20。

⑥ 总功率（kW）56。

⑦ 板层降温参数 20～–40℃≤60min。

⑧ 操作方式 自动控制或手动控制。

图 7-9　冷冻干燥机设备

7.3.8　中试能耗及成本分析

冷冻干燥主要缺点之一是其干燥时间长，由此导致了干燥的高能耗和高成本。干燥时间长的主要原因是在真空条件下提供升华热使得冻干过程的传热传质较慢。冷冻干燥是一个非常复杂的过程，是热量、质量和动量交互影响的复杂传递过程，它不仅受干燥方式及干燥条件的影响，而且随物料种类内部结构、物理化学性质及外部形状不同而存在明显的差异。关于能耗计算，一些研究者从对研究对象的基本传质传热特性分析出发，来构建冻干过程热力学模型，以便完成所涉及的能耗计算；另一些研究者则是关注工艺参数对总能耗的影响，其研究注重理论推理和实验室水平的结果验证，而实试验研究出来的结果在实际应用中存在诸多的问题。根据冻干技术制备食用菌即食汤块过程中操作实践、能耗组成以及设备运行记录进行了能耗分析。经测算可知：单位脱水能耗为 6.79 kW·h/kg，产品产出耗能 35.63 kW·h/kg，即每得到 1 kg 的冻干汤块需要消耗 35.63 kW·h 的电能。冻结水分以及凝结水汽和提供干燥所需热量占整个过程耗能最大部分。为合理控制加工时间与能耗和扩大化工业生产提供实践及理论基础。经成本分析可知，食用菌汤块产品在保持较好品质的同时，其中试成本较低，具有较好的应用开发前景。

7.4　食用菌果糕片的开发及产业化

果糕是新一代的果蔬加工制品，也是一种新型的功能性休闲食品，是以水果为主要原料，经过粉碎/打浆，添加辅料，再经熬煮、调味、烘制等

现代食用菌深加工

工艺重新凝胶制成的一类即食休闲食品。果糕加工能使水果的大部分营养保留，形成一种不加淀粉、不含化学色素、不含香精及其他化学合成物质、高果浆含量的健康营养水果制品。

在食品类别中果糕属于水果制品中的蜜饯，而非糕点类。可用于果糕加工的原料有南酸枣、脐橙、柚子、梨、菠萝、红枣、桃、李、杏、苹果、猕猴桃、山楂等水果，以及南瓜、胡萝卜、红薯、紫薯、土豆等蔬菜类。目前，我国研究人员对以不同原料生产果糕的工艺进行了研究，并取得了相应的成果，研制出凤梨南瓜果糕、胡萝卜果粒果糕、番石榴果糕、沙田柚果糕、胡萝卜山楂复合果糕、菠萝南瓜果糕等多种果糕产品。市售的系列果糕产品有六十余个品种，根据产品含糖量不同可分为普通型、低糖型、无糖保健型三大类型，但目前市场上大多数果糕为普通型，其中总糖含量超过50%，限制了产品的受众人群。

随着人们保健意识的增强，具有保健功效的糕点产品逐渐受到关注。食用菌是集营养、保健于一体的绿色健康食品，具有较高的食用和药用价值，具有低热量、低脂、高蛋白等特点，符合现代快节奏生活方式下科学饮食、平衡营养的消费需求，是可用于果糕制备的优质原料。以食用菌和果蔬为基础，通过营养复配、功能强化、配方调控，以及生产工艺改进，可制备出营养丰富并能凸显菌类特色及优势的功能型低糖食用菌果糕片，丰富和提高了果糕的种类和保健功效，满足更多消费者的需求。

7.4.1　技术路线

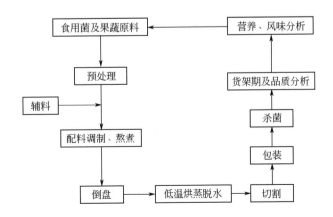

7.4.2　原料粉碎技术

目前，在食品工业中物料的粉碎方法大致可分为湿法和干法两种。干法粉碎得到的物料细度分布均匀、粒径小，主要用于干燥原料的粉碎。含水量高的原料如果蔬等常使用湿法粉碎。在果糕制备过程中用于干燥原料粉碎的设备主要是超微粉碎机，而胶体磨是当前食品生产中用于物料湿法粉碎的最常用的设备。此外，为提高食用菌及果蔬等原料中营养和活性物质的高效释放，减少粉碎过程对营养物质的破坏，除常规的胶体磨，还可选用闪式提取器作为主要粉碎设备用于含水原料的粉碎。

7.4.2.1　超微粉碎

粉碎是脆性物料加工中最初的必不可少的重要阶段。超微粉碎技术是利用机械或流体动力的方法，将物料颗粒粉碎至微米级甚至纳米级微粉的过程，是 20 世纪 70 年代以后，为适应现代高新技术的发展而产生的一种物料加工高新技术。超微细粉末具有一般颗粒所没有的特殊理化性质，如良好的溶解性、分散性、吸附性、化学反应活性等。此外，超微粉碎可增强原料有效成分在体内的吸收，提高生物利用度，增强药效，并能保留原料的属性和功能，提高产品品质，降低原料添加量并便于开发新剂型。因此，超微细粉末已广泛应用于食品、化工、医药、电子及航空航天等许多领域上。

7.4.2.2　胶体磨

胶体磨是利用一对固定磨体与高速旋转磨体相对运动产生强烈的剪切、摩擦、冲击等作用力，使被处理的浆料被有效地研磨、粉碎、分散、均质。生产中胶体磨定子与转子的间隙调节范围通常在 0.005～1.5 mm 之间，转速高达 3000～15000 r/min。利用胶体磨将果蔬原料多次研磨，可实现物料的有效粉碎和均质，制成细腻的果蔬浆（或酱）用于果糕的制作。此外，胶体磨还可用于芦荟、果茶、冰激凌、奶油、果汁、豆奶、乳制品、麦乳精、香精等多种食品的加工。

7.4.2.3　闪式提取器

闪式提取器由高速电机、组织破碎头和控制系统三部分组成，结构设计简洁、紧凑、合理，便于操作（图 7-10）。其工作的主要部分是组织破

现代食用菌深加工

碎头，组织破碎头的设计充分吸收了用于组织匀浆化的均质器的优点，避免了普通组织捣碎机的无法均匀将样品匀浆化的弊端。单刀切碎刀头由内刀和外刀组成，工作时内刀在高速电机的带动下由控制系统调节其速度，在外刀腔内高速旋转，使整个体系处在一个高速动态的环境中，最高运转速度可达到 10000 r/min。

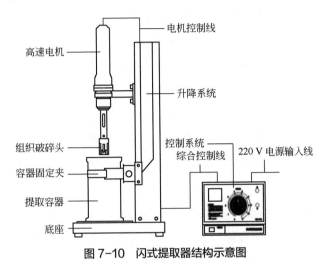

图 7-10　闪式提取器结构示意图

　　工作时基于组织破碎原理，依靠高速机械剪切力和超动分子渗滤技术，在室温及溶剂存在下，使通过破碎而充分暴露的物质分子（营养及活性成分）在负压、剪切、高速碰撞等各种外力作用下被溶剂分子包围、解离、溶解、替代、脱离，在数秒内把植物的根、茎、叶、花、果实等物料破碎至细微颗粒，并使有效成分迅速达到组织内外平衡，能最大限度保护植物有效成分，不会受热破坏，适用于食品中营养和活性物质的释放和保持。

7.4.3　增稠剂

　　果糕的制备是果蔬浆/粉等重新凝胶制成的一个过程，胶凝的完成需要添加食品添加剂——增稠剂。增稠剂有增稠、凝胶、乳化和稳定等作用，可改善食品品质和产品外观，提供给食品丰富的口感。常见的增稠剂有淀粉、琼脂、黄原胶、瓜尔胶、刺槐豆胶、卡拉胶、阿拉伯胶和纤维素衍生物等。

不同的增稠剂其增稠程度和凝胶特性存在差异，如琼脂具有良好的增稠性、保形性、胶凝性、稳定性、成膜性，在糖果业中主要依靠其凝胶特点制作软糖，具有含水量高、透明、柔软、有弹性、货架期长的特点；卡拉胶在加热后慢慢冷却的过程中，可形成立体网状结构，较低浓度时加热可形成可逆性凝胶，具有较好的透明性，是果冻生产中最常见的增稠剂，与刺槐豆胶、明胶、黄原胶和阿拉伯胶等复配时，凝胶强度和弹性均可得到显著提高；黄原胶具有很高黏度及溶于冷水的特性，在软饮料的生产中广泛应用，此外还具有很好的兼容性，与其他的增稠剂同时使用会有增效作用；瓜尔胶遇冷水或热水均能成黏稠状，在果浆中能保持制品均匀分布，通常在饮品中采用复配的方式来改善产品品质，与黄原胶、果胶等进行一定比例复配均能达到产品最佳稳定效果；等等。因此，在食品生产加工中常采用两种或两种以上食品增稠剂的协同作用，从而达到产品所需要的最佳效果。

在果糕制备过程中需根据原料差异，选择不同的复合增稠剂（胶凝剂）实现果糕的成型。通过比较添加浓度为 2%的黄原胶、明胶、琼脂、卡拉胶和瓜尔胶凝胶状态，之后筛选用于黑木耳红枣菌糕制作的胶凝剂。并对添加量为 2%，比例分别为 5∶5∶1、8∶5∶1、10∶5∶1 和 5∶8∶1 复合胶凝剂（卡拉胶∶琼脂∶瓜尔胶）制得的果糕物性进行比较，确定最佳复合凝胶配比为卡拉胶∶琼脂∶瓜尔胶=10∶5∶1。在苹果山楂复合果糕制作中，选择羧甲基纤维素钠（CMC）、黄原胶、卡拉胶为胶凝剂考察对象，设计单一用胶、复配用胶 18 种配比组合方案，按添加量 0.3%加入混合果浆进行胶凝剂种类试验，最终确定最优组合为 CMC∶黄原胶∶卡拉胶 1∶1∶1，添加量为 0.3%。在魔芋果糕加工中，通过添加卡拉胶来增加魔芋粉的凝胶特性，开发生产魔芋果糕新产品，最佳配比是卡拉胶和琼脂共混比例为 7∶3，此时硬度和弹性最大。以综合感官评定结果为指标，以卡拉胶、琼脂、明胶、魔芋胶制作番木瓜果糕，确定添加卡拉胶 1.0%、琼脂 0.6%、明胶 0.2%、魔芋胶 0.2%可制作出品质和口感较好的番木瓜果糕。因此，在果糕的生产过程中，可以根据原料特点，选择两种或两种以上的增稠剂以满足产品品质需求。

7.4.4　烘干工艺

烘干是果蔬糕生产中极为重要的一个环节。倒盘成型后的果糕含水量较高，口感较差，需要干燥脱水以提升产品弹性、韧性等，并减少后期储存过程中因水分含量过高引起的污染。目前研究报道中果糕烘干常用的方式为热风干燥，在实际生产中常采用更为方便、节能的空气能高温热泵烘干设备。

7.4.4.1　热风干燥

目前大部分果糕在研发初期采用传统热风干制生产工艺，为控制烘干温度过高或时间过长给产品带来的美拉德反应，因水分散失过快导致的表皮皱缩、口感变硬、弹性变差等品质劣变，不少研究者对热风干制过程中的温度和时间进行了优化。

在红枣枸杞复合果糕烘制工艺中，设定烘干温度分别为40℃、45℃、50℃、55℃、60℃，烘干15 h，正面干燥8 h，反面干燥7 h，对产品的品质进行比较分析，确定红枣枸杞复合果糕的最适烘干温度为45℃，总共干燥15 h。设定烘干温度分别为40℃、45℃、50℃、55℃，以刺槐花复合果糕的产品烘干时间、色泽、形态质地等指标进行评价比较，优化确定产品烘烤温度为50℃，烘烤时间为19 h，所制得的产品弹性适宜、质地均匀、酸甜适中、爽滑可口、风味优良。根据试验以黑木耳红枣菌糕中含水量在18%～20%的为烘干重点，比较了55℃、60℃、65℃、70℃ 4个烘制温度对果糕品质的影响，确定烘干温度为60℃，每1 h翻动一次所干制的产品口感和风味最佳。

7.4.4.2　空气能高温热泵烘干

为加快果糕烘干过程热量散失，并保证在较低温度下完成烘干过程，许多设备生产厂家设计生产出一类空气能高温热泵烘干机用于果糕的烘制。该设备是一种新型节能的烘干机，其根据逆卡诺循环原理，采用少量的电能，利用压缩机，将工质经过膨胀阀后在蒸发器内蒸发为气态，并大量吸收空气中的热能，气态的工质被压缩机压缩成为高温、高压的气体，然后进入冷凝器放热，把干燥介质加热，如此不断循环加热，可以把干燥介质由常温加热至85℃。设备采用高效转轮除湿机加负压风机，除湿效果

159

好，风量大，风速高，可以将物料表面的水分快速去除，避免水汽停留在物料表面而影响产品质量。相对于电热烘干机而言，可节约 35%～60% 的电能，且设备无"三废"排放，是适用于工业化生产的环保节能的烘干设备。

7.4.5 杀菌工艺

7.4.5.1 化学防腐

果糕的水分、糖分含量较高，易受到微生物污染，在工业化生产中，生产厂家大多选择添加化学防腐剂来延长保质期。市场上的防腐剂种类很多，其中山梨酸钾且因其价格较为低廉，在食品加工中应用非常普遍。山梨酸钾属于酸性防腐剂，配合有机酸使用其防腐效果会有所提高，且在实现防腐效果的同时还能保持原有食品的风味。此外，还有单锌酸甘油酯、纳他霉素和乙二胺四乙酸二钠等。其中单辛酸甘油酯是一种新型无毒高效广谱防腐剂，20 世纪 80 年代首先由日本开发成功并投放市场，由于其在人体内不会产生不良的蓄积性和特异性反应，是安全性很高的物质，其使用量没有限制；纳他霉素，是由链霉菌发酵产生的安全、天然、健康的食品添加剂，既可广泛有效地抑制各种霉菌、酵母菌的生长，又能抑制真菌毒素产生；乙二胺四乙酸二钠具有较强的络合作用，能阻止食品贮藏过程中的氧化还原反应，与其他保鲜剂相比，成分单一，无隐形有害物质，是一种安全型保鲜剂。

为筛选最佳的防腐剂，在红枣山楂果糕的保鲜试验中选用 4 种生产中常用的评价较好的防腐剂山梨酸钾、单锌酸甘油酯、纳他霉素和乙二胺四乙酸二钠，通过比较不同时间菌落总数变化，发现经各防腐剂处理的样品菌落总数均明显下降，且随着处理浓度的增高，抑菌效果变强。4 种防腐剂中，以单锌酸甘油酯的抑菌效果最为显著，其极高的安全性也被国际普遍认可；其余 3 种防腐剂的效果差异不大，但纳他霉素作为一种天然防腐剂，显然更具有优势，更容易被大众接受。

7.4.5.2 物理方法杀菌

虽然正确适量地使用防腐剂，不仅无害，还能有效降低生产成本，避免污染，但由于部分消费者将食品添加剂等同于"非法添加剂"的观念根

现代食用菌深加工

深蒂固，使得消费者在选择产品的时候对含防腐剂的产品避而远之。因此，食品生产厂家需要选择其他物理方式来控制产品腐败，以保证产品品质并提高产品货架期。

目前，已有研究采用超声、微波、辐照等物理方法杀菌对果糕产品进行杀菌，并通过不同杀菌方式对果糕菌落总数和感官品质，以及对贮藏期间果糕品质的影响来确定最佳工艺参数。

利用微波杀菌工艺，通过分析微波功率、杀菌时间、糕体厚度对三华李果糕品质的影响，确定最佳杀菌工艺为微波功率 480 W、杀菌时间 50 s，且糕体厚度为 0.4 cm 最佳，此时不会因微波杀菌时果糕中水分快速蒸发而出现焦煳现象。在最佳杀菌工艺条件下，制得的三华李果糕呈红棕色，光泽度好，具有浓郁的原果风味，并带有淡淡的焦香味，酸甜适口，弹性有嚼劲。

在优化南瓜香蕉果糕的制备工艺基础上，为延长产品货架期，探讨了微波、冷冻微波、超声波 3 种不同的杀菌工艺对产品贮藏期间质构和色差品质的影响。通过试验发现微波、冷冻微波、超声波 3 种杀菌工艺都会对南瓜香蕉果糕色泽产生肉眼可见的影响，其中冷冻微波杀菌后色泽变化最为显著，果糕更加明亮，色泽更加饱满。但经微波杀菌后的南瓜香蕉果糕硬度整体偏高，冷冻微波杀菌可以有效缓解微波杀菌造成南瓜香蕉果糕硬度增加的趋势，样品的硬度最低。从咀嚼性指标来看，3 种杀菌工艺均会引起南瓜香蕉果糕在低温贮藏期间咀嚼性的波动，其中冷冻微波杀菌工艺引起的波动最小，果糕的质构特性较稳定，表明冷冻微波杀菌较适宜南瓜香蕉果糕的杀菌处理。在冷冻室冷冻 4 h 后，在 2450 MHz 的微波低火环境下处理 30 s 的最佳杀菌工艺后得到的南瓜香蕉果糕色泽鲜艳自然，软硬适度且富有弹性，酸甜适度，口感风味俱佳。

对不添加防腐剂的黑木耳红枣糕和杏鲍菇鲜橙糕采用 ^{60}Co γ 射线进行杀菌处理，结合果糕类食品安全国家标准要求，以最大剂量斜率法确定两种产品辐照剂量均为 2 kGy 辐照。并在 25℃、湿度 60% 条件下对两种果糕的货架期进行了预测，确定货架期分别为 571 天和 504 天，比目前市售果糕的货架期（12 个月）还长，表明辐照技术在果糕杀菌保鲜中具有一定的应用前景和价值。

7.4.6　食用菌果糕制备工艺及中试生产

7.4.6.1　食用菌果糕片制备工艺

工艺流程如下：

食用菌/果蔬→清洗→处理（去蒂/去核）→粉碎/打浆→混合→煮制调味→倒盘→冷却→烘制→切片→包装→成品→杀菌

辅料（增稠剂、柠檬酸、木糖醇）

7.4.6.2　产品中试及产业化

工业化生产中需要用到夹层锅对混合物料进行熬煮，倒盘后放入空气能热泵烘干设备中进行干制，通常温度控制在40℃以下，以减少美拉德反应对果糕色泽的影响。烘干后水分含量控制在12%～15%，双面覆盖糯米纸后，置专用的切块机上根据实际需要切成大小不同的片状或块状，在自动包装生产线上完成包装。添加防腐剂的产品需要在一定的条件下进行物理杀菌（一般采用辐照杀菌），经出厂检验合格后便可上市销售。

现代食用菌深加工

参考文献

[1] 杨文建，王柳清，胡秋辉. 我国食用菌加工新技术与产品创新发展现状[J]. 食品科学技术学报，2019，37(03): 13-18.

[2] YANG W, YU J, PEI F, et al. Effect of hot air drying on volatile compounds of *Flammulina velutipes* detected by HS-SPME-GC-MS and electronic nose [J]. Food Chemistry, 2016, 196: 860 - 866.

[3] 张良洁. 食用菌复合调味料加工现状与发展趋势[J]. 现代食品，2020，(12): 36-38.

[4] 李丽. 食用菌的营养成分和活性研究进展[J]. 食品研究与开发，2015，36(12): 139-142.

[5] 徐慧，陈蕾蕾，刘孝永，等. 发酵型灵芝全麦面包的研制[J]. 农产品加工，2017，441(10): 1-4.

[6] 徐慧，陈蕾蕾，刘孝永，等. 发酵型灵芝全麦粉曲奇的研制[J]. 齐鲁工业大学学报，2016，30(5): 29-34.

[7] 陈洁，孟春雨，何志勇，等. 低血糖负荷食品研究进展[J]. 食品与生物技术学报，2016，35(5): 449-456.

[8] 陈静茹，孟庆佳，康乐，等. 低血糖生成指数谷物及其制品研究进展与法规管理现状[J]. 食品工业科技，2020，41(18): 338-343.

[9] 庄海宁，杨炎，张劲松，等. 一种低血糖生成指数香菇曲奇及其制备方法[P]. 中国，105794932，2016.

[10] 黄树雄. 一种低血糖生成指数的面包[P]. 中国，107467128，2016.

[11] 景彦萍. 三种食用菌子实体的营养成分及抗氧化性分析[D]. 太原：山西大学，2019.

[12] 高绍璞，周礼元. 食用菌多糖功效的最新研究进展[J]. 安徽大学学报(自然科学版)，2019，43(03): 102-108.

[13] 郑超群. 基于肠道菌群靶点的猴头菌蛋白免疫活性研究[D]. 广州：广州中医药大学，2017.

[14] 赵睿秋，马高兴，杨文建，等. 6种食用菌子实体水提物对肠道菌群的影响[J]. 食品科学，2017，38(05): 116-121.

[15] 王庆庆. 三种食用菌可溶性膳食纤维提取工艺优化及功能特性研究[D]. 长春：吉林农业大学，2016.

[16] 陈卫. 肠道菌群: 膳食与健康研究的新视角[J]. 食品科学技术学报，2015，33(6): 1-6.

[17] 方戴琼，顾思岚，李兰娟，等. 人体肠道微生态与疾病发生发展的关系及机制研究进展[J]. 中国微生态学杂志，2016，28(5): 614-617.

[18] 张静，胡新中，李俊俊，等. 燕麦 β-葡聚糖与沙蒿胶多糖对菌群人源化小鼠生理及肠道微生物调节比较研究[J]. 食品科学，2015，36(9): 146-153.

[19] 刘小华，李舒梅，熊跃玲. 短链脂肪酸对肠道功效及其机制的研究进展[J]. 肠外与

肠内营养，2012，19(1): 56-58.

[20] O'Toole P W, Jeffery I B. Gut microbiota and aging[J]. Science, 2015, 350(6265): 1214-1215.

[21] Julie K Pfeiffer, Herbert W Virgin. Transkingdom control of viral infection and immunity in the mammalian intestine[J]. Science, 2016, 351(6270).

[22] 马琦，伯继芳，冯莉，等. GC-MS 结合电子鼻分析干燥方式对杏鲍菇挥发性风味成分的影响[J]. 食品科学，2019，40(14): 276-282.

[23] 李双石，兰蓉，张晓辉，等. 超临界 CO_2 萃取鸡腿菇中的挥发性风味成分[J]. 食品科学，2011，32(02): 240-243.

[24] 李桂花，何巧红，杨君. 一种提取复杂物质中易挥发组分的有效方法——同时蒸馏萃取及其应用[J]. 理化检验(化学分册)，2009，45(04): 491-496.

[25] 殷朝敏，范秀芝，史德芳，等. HS-SPME-GC-MS 结合 HPLC 分析 5 种食用菌鲜品中的风味成分[J]. 食品工业科技，2019，40(03): 254-260.

[26] 贾薇，余冬生，徐宾，等. 猴头菌子实体超临界流体技术萃取活性物质初探[J]. 菌物学报，2018，37(12): 1780-1791.

[27] 杨开，孙培龙，郑建永，等. 香菇精的提取与成分分析[J]. 中国调味品，2005,(06): 24-28.

[28] 曹蓓. 美味牛肝菌挥发性风味物质的研究[D]. 天津科技大学，2013.

[29] 肖冬来，张迪，黄小菁，等. 香菇挥发性风味成分的气相色谱-离子迁移谱分析[J]. 福建农业学报，2018，33(03): 309-312.

[30] 谷镇，杨焱. 食用菌呈香呈味物质研究进展[J]. 食品工业科技，2013，34(05): 363-367.

[31] 陈万超，杨焱，于海龙，等. 七种干香菇主要营养成分与可溶性糖对比及电子舌分析[J]. 食用菌学报，2015，22(01): 61-67.

[32] 杨焱，谷镇，刘艳芳，等. 反相高效液相色谱法测定食用菌中 7 种有机酸的研究[J]. 菌物学报，2013，32(06): 1064-1070.

[33] Phat C, Moon B, Lee C. Evaluation of umami taste in mushroom extracts by chemical analysis, sensory evaluation, and an electronic tongue system[J]. Food Chemistry, 2016, 192: 1068-1077.

[34] 周帅，薛俊杰，刘艳芳，等. 高效阴离子色谱-脉冲安培检测法分析食用菌中海藻糖、甘露醇和阿糖醇[J]. 食用菌学报，2011，18(01): 49-52.

[35] 段秀辉，李露，薛淑静，等. 杏鲍菇、香菇及其预煮液中可溶性糖的 GC-MS 分析[J]. 食品工业科技，2015，36(17): 281-285.

[36] Dong M, Qin L, Xue J, et al. Simultaneous quantification of free amino acids and 5'-nucleotides in shiitake mushrooms by stable isotope labeling-LC-MS/MS analysis[J]. Food Chemistry, 2018,268: 57-65.

[37] 毕金峰. 感官评价实践[M]. 北京: 中国轻工业出版社，2016，07.

[38] 牟心泰，杜险峰. 电子舌和电子鼻在食品行业的应用[J]. 食品科技，2020，05(036): 118-126.

164

[39] 杨肖，张莉莉，孙宝国，等. 应用SPME-GC-MS对比分析4种不同处理方式下香菇中的挥发性风味成分[J]. 食品科技，2017，42(11): 300-307.

[40] 冯涛，宋诗清，庄海宁，等. 食用菌风味物质的研究进展[J]. 食用菌学报，2018，25(04): 97-104.

[41] 李明华，陆正清，孟秀梅，等. 金针菇多糖闪式提取工艺及其抗氧化活性研究[J]. 食品与发酵工业，2016，42(10): 216-221.

[42] 陈丽冰，程薇，高虹，等. 北虫草培养基中多糖的闪式提取工艺研究[J]. 湖北农业科学，2014，53(19): 4670-4674.

[43] 郝亚萍. 太阳能热泵联合干燥系统香菇干燥研究[D]. 郑州：郑州轻工业学院，2017.

[44] 魏学明. 双螺杆挤压生产复合营养方便早餐的研究[D]. 哈尔滨：哈尔滨商业大学，2016.

[45] 张霞，李琳，李冰. 功能食品的超微粉碎技术[J]. 食品工业科技，2010，31(11): 375-378.

[46] 华泽钊. 冷冻干燥新技术[M]. 北京：科学出版社，2005.

[47] 冯洪芳，张晓黎，吕连营，等. 寒富苹果山楂复合果糕的研制[J]. 辽宁农业科学，2019，(05):40-42.

[48] 范秀芝，史德芳，高虹，等. 黑木耳红枣菌糕的研制[J]. 食品工业科技，2015，36(24): 239-242.

[49] 柳雪姣，黄苇，黄玲芝. 岭南特色果品风味果糕配方的研究[J]. 现代食品科技，2013，29(01): 141-145.

[50] 尹蓉，张倩茹，殷龙龙，等. 红枣山楂复合果糕制作工艺及保鲜研究[J]. 安徽农学通报，2020，26(04): 128-131.

[51] 肖南，何建妹，李婷，等. 三华李果糕的微波杀菌工艺研究[J]. 现代食品科技，2013，29(05): 1093-1095.

[52] 何翊辰，林欣瑜，齐高博，等. 南瓜香蕉果糕制备工艺及不同杀菌方式影响[J]. 农产品加工，2019(19): 22-24+30.

[53] 范秀芝，史德芳，高虹，等. 辐照食用菌菌糕货架期预测及贮藏特性研究[J]. 食品工业科技，2018，39(08): 245-250.

165